基于 JADE 平台的 多 Agent 系统开发技术

于卫红　著
陈　燕　主审

国防工业出版社
·北京·

图书在版编目(CIP)数据

基于 JADE 平台的多 Agent 系统开发技术/于卫红著.—北京:国防工业出版社,2011.10
ISBN 978-7-118-07695-0

Ⅰ.①基... Ⅱ.①于... Ⅲ.①软件工具-程序设计 Ⅳ.①TP311.56

中国版本图书馆 CIP 数据核字(2011)第 190700 号

※

国防工业出版社出版发行
(北京市海淀区紫竹院南路 23 号 邮政编码 100048)
天利华印刷装订有限公司印刷
新华书店经售

*

开本 850×1168 1/32 印张 4⅞ 字数 126 千字
2011 年 10 月第 1 版第 1 次印刷 印数 1—3000 册 定价 28.00 元

(本书如有印装错误,我社负责调换)

国防书店:(010)68428422 发行邮购:(010)68414474
发行传真:(010)68411535 发行业务:(010)68472764

前　言

在计算机和人工智能领域,Agent 可以看作是一个实体,它驻留在某一环境下能够自主、灵活地执行动作以满足设计目标。Agent通过传感器感知环境,通过效应器作用于环境。多 Agent 系统主要研究在逻辑上或物理上分离的多个 Agent,协调其智能行为,即知识、目标、意图及规划等,实现问题求解。

随着理论和应用研究的不断深入,目前,Agent 和多 Agent 系统已经成为计算机科学领域、信息工程领域、网络与通信领域、人工智能领域等的前沿研究方向之一。多 Agent 系统可以应用到很多方面,例如,在线拍卖协商、电力系统、智能交通系统、医疗诊断系统、远程教学系统等。

尽管多 Agent 系统的应用前景十分美好,但是由于理论上的复杂性,使得多 Agent 系统的开发困难重重。目前多 Agent 系统的开发平台有很多,如 JAFMAS、Aglets、Zeus 等,它们在功能实现上具有很大的局限性,在灵活性、实用性、扩展性等方面也存在很多不足之处。此外,这些开发平台的侧重点也有所不同,如有的侧重于 Agent 通信基础设施的搭建,有的则侧重于 Agent 内在含义的表现。

JADE 的出现为多 Agent 系统的开发注入了新的生机和活力。JADE 是用 Java 语言编写的,为了便于开发多 Agent 系统,JADE 提供了两个重要的组成部分:遵循 FIPA 规范的 Agent 开发平台和开发 Agent 的软件包。JADE Agent 开发平台为分布式多 Agent 应用提供了最基本的服务和基础设施①Agent 生命周期管理和 Agent 移动性;②白页服务和黄页服务;③点对点的消息传输服务;④Agent的安全性管理;⑤Agent 的多任务调度,等。

本书主要为在 JADE 平台上开发多 Agent 应用程序的开发者提供指导,帮助读者快速熟悉 JADE 平台的体系结构、开发方法,掌握多 Agent 系统开发所需的主要知识。本书共有 7 章,主要内容如下:第 1 章 多 Agent 系统与 JADE 平台,介绍了 JADE 平台的体系结构、基本理论以及使用 JADE 平台时的环境配置等。第 2 章 JADE 编程基础,从创建一个最简单的 JADE Agent 开始,逐步详细讲述 JADE 的编程机制,包括创建步骤、Agent 标识符、添加行为、与其他 Agent 通信等。第 3 章 Agent Behaviour 详解,通过详尽的实例介绍了 Agent Behaviour 的原理及使用方法,主要包括:OneShotBehaviour、CyclicBehaviour、TickerBehaviour、SequentialBehaviour、ParallelBehaviour、FSMBehaviour 等。第 4 章 Agent Communication 详解,介绍了 Agent 通信的基本原理,并通过实例讲述了远程机器上 Agent 间通信的实现、基于对象序列化机制的 Agent 间的通信以及消息模板等。第 5 章 JADE Agent 与 JSP/Servlet,主要介绍了 JADE Agent 与 JSP/Servlet 的集成,包括传统架构下的集成及基于 JADEGateway 的集成。第 6 章 JADE Agent 与 Ontology,在介绍 ontology 基本原理的基础上,讲述了基于 ontology 的 Agent 间通信的实现过程。第 7 章 JADE Agent 与 Web Service,介绍了 Web Service 的基本原理、JADE Agent 与 Web Service 集成的必要性及集成方法，重点介绍了基于 WSIG 的 JADE Agent 与 Web Service 集成的实现方法。

本书在编写的过程中，得到了大连海事大学管理科学与工程学科各位同事的鼓励和帮助。大连海事大学管理科学与工程学科带头人陈燕教授在百忙之中为本书的编写提供了若干宝贵意见并承担了主审工作。谨在此表示衷心的感谢。

同时感谢国防工业出版社的工作人员，特别是王京涛同志对本书的关心与指导。

最后感谢家人的理解和支持，多少的失意彷徨、多少的凄风冷雨，在亲情与关爱面前，都化作乌有，剩下的只有前行的动力。

作者

2011 年 6 月

目　录

第1章　多Agent系统与JADE平台 ······ 1

1.1　迈进Agent新时代 ······ 1

1.2　初识JADE ······ 4

1.2.1　FIPA及FIPA规范 ······ 4

1.2.2　JADE平台的体系结构 ······ 7

1.3　安装和使用JADE ······ 14

第2章　JADE编程基础 ······ 17

2.1　创建一个JADE Agent ······ 17

2.1.1　创建步骤 ······ 17

2.1.2　编译、运行 ······ 21

2.2　熟悉Agent标识符 ······ 24

2.3　为Agent添加行为 ······ 27

2.4　与其他Agent通信 ······ 29

2.4.1　基本原理 ······ 29

2.4.2　发送消息 ······ 30

2.4.3　接收消息 ······ 32

第3章　Agent Behaviour详解 ······ 35

3.1　Behaviour的基本原理 ······ 35

3.2　简单行为(Simple Behaviour) ······ 36

3.2.1　一次性行为(OneShotBehaviour) ······ 36

3.2.2　循环行为(CyclicBehaviour) ······ 38

3.2.3 一个特殊的循环行为(TickerBehaviour) …… 42
3.3 组合行为(Composite Behaviour) …… 52
3.3.1 顺序行为(SequentialBehaviour) …… 52
3.3.2 并发行为(ParallelBehaviour) …… 54
3.3.3 有限状态机行为(FSMBehaviour) …… 57

第4章 Agent Communication 详解 …… 62

4.1 JADE Agent 通信基本原理 …… 62
4.2 远程机器上的 Agent 间的通信 …… 66
4.2.1 远程通信的模拟试验 …… 66
4.2.2 远程通信的代码实现 …… 70
4.3 基于对象序列化机制的 Agent 间的通信 …… 72
4.3.1 序列化的基本原理 …… 73
4.3.2 基于序列化的 JADE Agent 间的通信实例 … 73
4.4 消息模板 …… 77
4.4.1 基本原理 …… 77
4.4.2 消息模板示例 …… 78

第5章 JADE Agent 与 JSP/Servlet …… 83

5.1 传统的 Model 1 与 Model 2 架构 …… 83
5.1.1 基本原理 …… 83
5.1.2 传统架构下 Agent 与 JSP/Servlet 的集成 …… 84
5.2 基于 JADEGateWay 的 Agent 与 JSP/Servlet 的集成 …… 88
5.2.1 JADEGateway 原理与作用 …… 88
5.2.2 一个完整的实例 …… 89

第6章 JADE Agent 与 Ontology …… 100

6.1 Ontology 的基本原理 …… 100
6.1.1 什么是 Ontology …… 100

6.1.2 Ontology 的分类 …………………………………… 101
6.1.3 Ontology 的构成 …………………………………… 102
6.2 基于 Ontology 的 Agent 间的通信 ………………………… 103
第7章 JADE Agent 与 Web Service ……………………………… 112
7.1 Web Service 基本原理 …………………………………… 112
7.1.1 什么是 Web Service …………………………………… 112
7.1.2 Web Service 的主要技术 ………………………………… 114
7.1.3 NetBeans 下 Web Service 程序的开发示例 ………………………………… 116
7.2 JADE Agent 与 Web Service 的集成 ……………………… 123
7.2.1 二者集成的必要性 …………………………………… 123
7.2.2 Agent 与 Web Service 的比较 …………………………… 125
7.2.3 JADE Agent 与 Web Service 集成的中间件(WSIG)………………………………… 128
7.3 MathAgent 实例 ………………………………………… 132
参考文献……………………………………………………… 143

第1章　多 Agent 系统与 JADE 平台

1.1　迈进 Agent 新时代

无论面向 Agent 的开发方法是否会象宣传的那样继面向数据流、面向数据结构、面向对象之后成为新一代的软件开发主导方法，随着软件系统网络化、系统服务能力、交互能力要求的不断提高，在系统中引入分布式处理因素、通信因素以及智能因素等已经成为必然。

现阶段面向对象的方法是软件开发的主流。面向对象的开发机制虽有很多优越性，但却不能完全体现现实世界的特点，难以实现自然建模，需经变换和抽象才能将现实世界映射为对象模型，难以很好地控制和简化系统的复杂度。面向对象技术尤其需要在主动对象和多线程技术的实现上加以丰富和完善。

20 世纪 80 年代中期以来，随着 Internet 的发展产生了新的计算模式——分布式计算技术，而传统人工智能与分布式计算日益融合逐步形成了一门新的学科——分布式人工智能。目前，分布式人工智能的研究重心主要是分布式问题求解和多 Agent 系统。

分布式问题求解采用“分而治之”的思想，由多个协作的、知识共享的问题求解器共同完成一项问题求解任务，因为，其中任何一个问题求解器都没有能力独立完成该项任务。多 Agent 系统则致力于研究一组自治的智能 Agent 的协作行为。虽然它们的求解风格不同，但都引入了一种软件实体：Agent。

Agent 并不是一个新概念，1977 年，Hewitt 提出了“演员”

（自包容的、交发执行的对象）的概念，是 Agent 的雏形。经过二十几年的发展，Agent 逐步成为人工智能（AI）及其他计算机领域内的一个重要研究课题。Wooldridge 和 Jennings 在 1995 年提出了目前较权威的 Agent 定义，获得了计算机领域专家的普遍认同。此定义包括以下两个子定义：

（1）弱定义：Agent 是一个基于软件（在较多的情况下）或硬件的计算机系统，它拥有以下特性：自治性、社会能力、反应性和能动性。

（2）强定义：Agent 在弱定义的特性基础上，还要包括情感人类的特性。

事实上，Agent 的概念涉及的范围很广。它可以被看作是一种程序，像机器人这样的硬件 Agent 也属于 Agent，但本书所涉及的只是软件 Agent，它们具有如下特性：

（1）Agent 可表示现实世界和计算机世界中的行为实体，能自主地代替用户执行特定的工作。

（2）Agent 是隶属于一个环境的系统。这里的环境是指操作系统、网络或多方博弈环境等。

（3）Agent 拥有知识库和推理能力，并通过与用户、资源或其他 Agent 进行信息交换和通信来解决问题。Agent 间通过高层的交互相互作用，这种交互在语义和知识层次上进行，区别于过程调用、函数调用以及对象之间的消息传递。

（4）Agent 自动认知环境的变化，并采取相应的行动，拥有经验学习的能力。

（5）Agent 是一个“主动”的对象，它不是根据外部的请求调用相应的方法进行响应，而是对接收到的外界刺激进行知识融合，通过自身心智状态的变化来控制动作规划，通过执行动作对外界刺激作出响应。

（6）Agent 采用多线程的实现方式，提高对大量并发的支持，Agent 的行动不是一次性而是持续的。

源自分布式人工智能的多 Agent 系统，其基本思想是把各种问题求解方法封装到一个个具有自主性的 Agent 中，通过 Agent 间的交互进行协调、协作、协商共同完成问题求解任务。

在开发多 Agent 系统时，需要明确以下几点。

1）No standards, no agents

没有标准就没有多 Agent 系统。我们可以看到，在任何一个领域，都可以说是“得规范者得天下”。多 Agent 系统目前已引起了广泛的关注，网上搜索、网上购物、网络管理、网上拍卖等很多方面都需要 Agent，这些 Agent 可能来自不同的设计者、不同的提供者、不同的组织。标准是实现开放性的基础，为了确保异质的 Agent 间互联和互操作等性能的实现，必须制定一些标准规范。

FIPA (Foundation for Intelligent Physical Agents)是目前致力于 Agent 技术标准化工作的重要组织。FIPA 定义了一组规范，用来支持 Agent 间以及基于 Agent 的应用之间的互操作。只有开发遵循 Agent 技术标准的、支持基于 Agent 系统开发的平台，才能尽快开发出基于 Agent 的应用系统以发挥 Agent 技术的优势。

2）No software tools, no agents

没有软件工具，无法实现多 Agent 系统。目前，很多 Agent 研究仍停留在理论阶段，总给人华而不实、纸上谈兵的感觉。理论领悟透彻了，能在生活中解决实际问题才称得上有价值。

而当前 Agent 研究的一个重要问题就是缺乏开发环境和编程工具的支持，大多数基于 Agent 系统是利用非 Agent 技术来实现的，这意味着 Agent 技术还不成熟以及 Agent 技术还没有真正为广大计算机工作者所认可和接受；尽管研究者已经提出了许多面向 Agent 的程序设计语言，但它们都有很多局限性，实用性不强，无法为大众广泛接受和使用。

顺应 Agent 与多 Agent 系统理论研究与实际应用的需要，一个崭新的多 Agent 系统开发平台——JADE 诞生了。

1.2 初识 JADE

JADE (Java Agent Development Framework)是一个完全由Java 语言编写的多 Agent 开发框架，遵循 FIPA 规范，提供了基本的命名服务、黄页服务、通信机制等，可以有效地与其他 Java 开发平台和技术集成，极大地简化了开发多 Agent 系统的各个环节。

为了更好地理解 JADE，应该首先了解一下 FIPA 及 FIPA 规范。

1.2.1 FIPA 及 FIPA 规范

FIPA（The Foundation for Intelligent Physical Agents）是一个由活跃在 Agent 领域的公司和学术机构组成的非赢利的国际组织，成立于 1996 年，其目标是为异质的 Agent 和 Agent 系统之间能够互操作而制订相关的软件标准。FIPA 的宗旨是"促进基于 Agent 的应用，业务和设备的成功。"

FIPA 规范从不同方面规定或建议了 Agent 在体系结构、通信能力、移动能力、知识表达能力、管理和安全等方面的内容，对于 Agent 技术起到了很大的推动作用。

根据 FIPA 的定义：Agent 是一个实现应用系统自治性及通信功能的计算过程，Agent 间的通信使用 ACL（Agent Communication Language）语言。一个 FIPA Agent 具有下列特征：

（1）每个 Agent 都有一个名字；

（2）每个 Agent 都有一个用于通信目的的定位符；

（3）一个 Agent 可以向一个或多个 Agent 发送信息；

（4）Agent 可以在一个目录服务中注册它的目录项；

（5）Agent 可以在目录服务中修改或删除其注册目录项；

（6）Agent 可以在目录中查询感兴趣的目录项。

FIPA 定义了 Agent 平台应提供的若干服务，如图 1-1 所示。

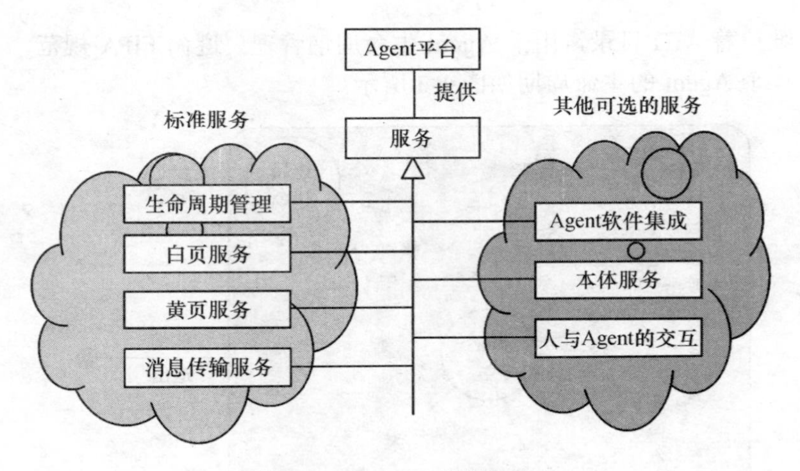

图 1-1　Agent 平台提供的服务

其中有三种最基本的服务：Agent 管理系统（Agent Management System，AMS）、目录服务（Directory Facilitator，DF）和消息传输服务（Message Transport Service，MTS）。基于 FIPA 规范的 Agent 管理参考模型，如图 1-2 所示。

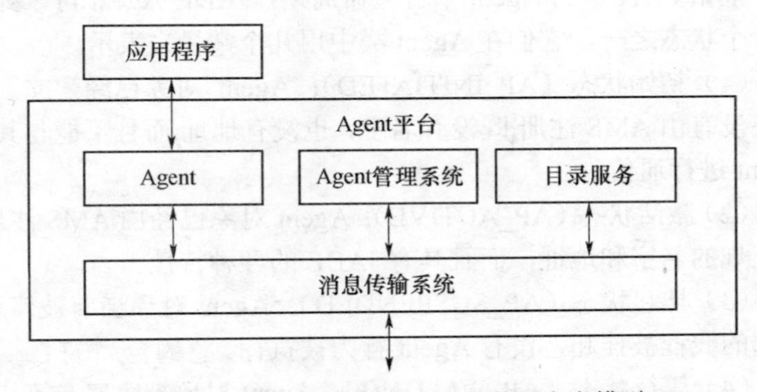

图 1-2　基于 FIPA 规范的 Agent 管理参考模型

每一个平台只能有一个 Agent 管理系统，负责 Agent 的命名、定位和控制服务。每个 Agent 必须在一个 Agent 管理系统中注册以便得到一个有效、唯一的 Agent 标识（AID）。Agent 管理系统维护着 AID 目录，用于 Agent 生命周期管理。遵循 FIPA 规范，一个 Agent 的生命周期如图 1-3 所示。

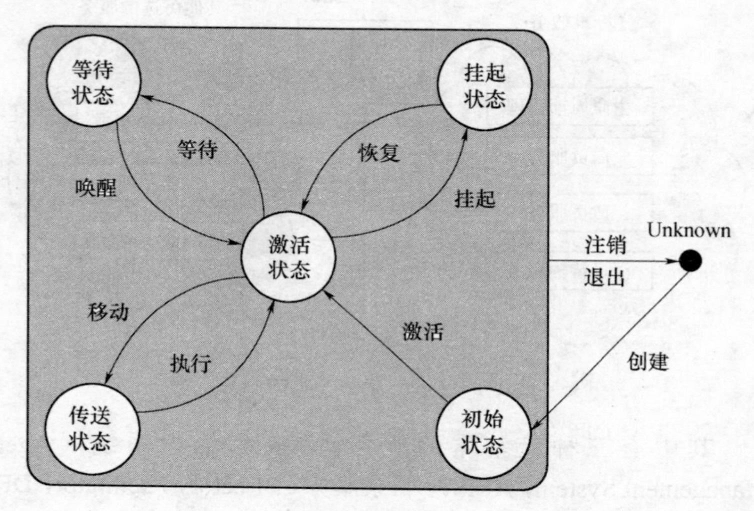

图 1-3　Agent 的生命周期

根据 FIPA 中的 Agent 平台生命周期，JADE Agent 可以处于这几个状态之一，它们在 Agent 类中用几个常量来表示。

（1）初始状态（AP_INITIATED)：Agent 对象已经建立，但是还没有由 AMS 注册,既没有名字，也没有地址,而且不能与其他 Agent 进行通信。

（2）激活状态（AP_ACTIVE)：Agent 对象已经由 AMS 注册，有正规的名字和地址，而且具有 JADE 的各种特性。

（3）挂起状态（AP_SUSPENDED)：Agent 对象当前被停止，内部的线程被挂起，没有 Agent 行为被执行。

（4）等待状态（AP_WAITING)：Agent 对象被阻塞，等待其他事件。内部的线程在 JAVA 监控器上休眠，当条件满足时被唤醒（典型的情形是消息到达)。

（5）删除状态（AP_DELETED)：Agent 死亡。内部线程的执行被终结，Agent 不再在 AMS 上有注册信息。

（6）传送状态（AP_TRANSIT）：移动 Agent 移动至一个新的位置时进入这个状态，系统继续缓存将被送到这个新位置的消息。

（7）复制状态（AP_COPY）：这是 JADE 在 Agent 克隆时的一个内部状态。

（8）离开状态（AP_GONE）：这是 JADE 在移动 Agent 移至一个新的地点时的一个内部稳定状态。

目录服务 DF 是 Agent 平台的必须部分，它提供平台内的黄页服务。

消息传输服务是默认的跨平台的 Agent 消息传输机制，提供了不同 Agent 之间的 ACL 消息交互机制。在消息传输机制中，ACC（Agent Communication Channel）是消息的传输通道，是 Agent 平台上为 Agent 提供消息交互的实体。MTP（Message Transport Protocol）是不同 ACC 之间的消息交互协议。

1.2.2 JADE 平台的体系结构

JADE 是一套免费开源的多 Agent 系统开发框架，提供了 Agent 赖以生存的运行时环境。JADE 平台体系架构如图 1-4 所示。

从图 1-4 可以看出在 JADE 平台中利用容器（container）容纳 Agent，一个平台（platform）可以有多个容器，一个容器可容纳多个 Agent。容器可以位于不同的主机上，在一个 JADE 平台中，有且仅有一个称为主容器的容器，其他容器启动时，都必须在主容器中注册。在图 1-4 所示的网络中，存在两个不同的 JADE 平台，其中一个由三个容器构成；另一个有一个容器。每个 Agent 在 JADE 平台上都有一个唯一的名字，一旦一个 Agent 知道网络上另一个 Agent 的名字，它们便可以进行透明的通信，而不需要了解彼此的实际位置。

为了便于开发多 Agent 系统，JADE 提供了两个重要组成部分：遵循 FIPA 规范的 Agent 开发平台和开发 Agent 的软件包。JADE Agent 开发平台为分布式多 Agent 应用，提供了最基本的服务和基础设施。

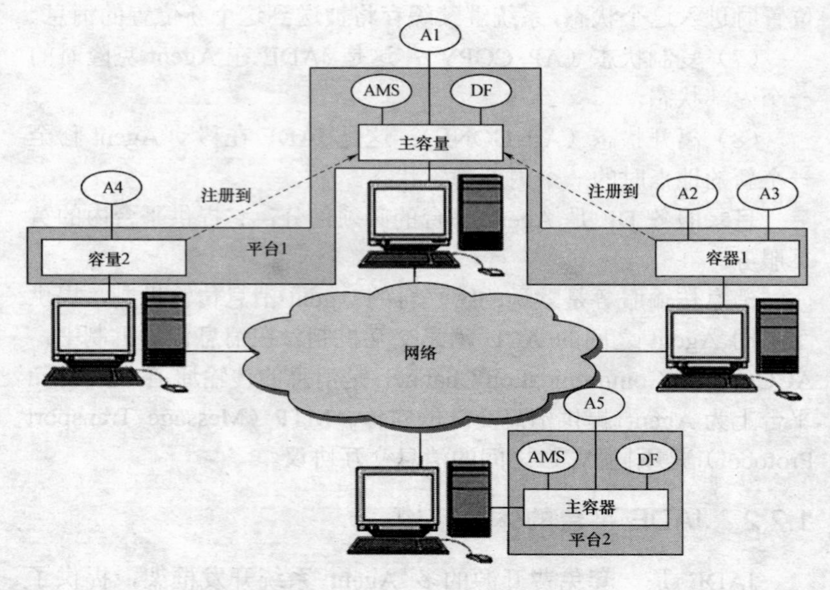

图 1-4 JADE 平台的体系结构

（1）Agent 生命周期管理和 Agent 移动性；
（2）白页服务和黄页服务；
（3）点对点的消息传输服务；
（4）Agent 的安全性管理；
（5）Agent 的多任务调度。

1. 图形工具

为了帮助用户管理和监控 Agent 运行时的状态，JADE 平台提供了一系列图形工具。

（1）RMA 图形控制台（Remote Management Agent，RMA）：远程管理 Agent，提供了对 Agent 平台进行管理和控制的图形界面。通过 RMA 控制台可以启动其他 JADE 工具。如图 1-5 所示。

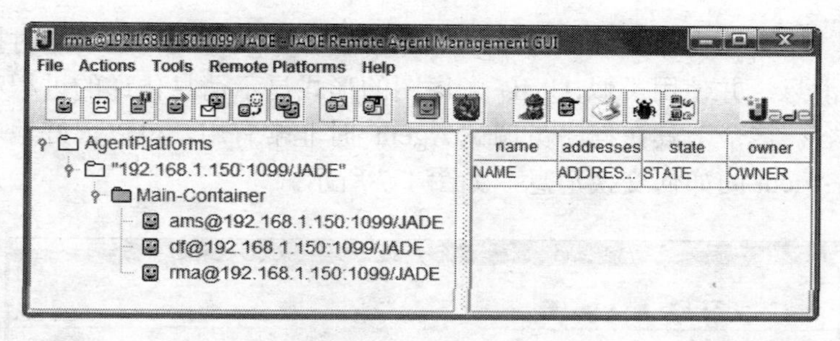

图 1-5　RMA 控制台

（2）虚拟 Agent（Dummy Agent）：是一个监视和调试的工具，由一个图形界面和一个潜在的 JADE 主体组成。使用用户图形界面，可以组织消息，把它们发送给其他 Agent，还可以显示发送或接收的消息列表，同时带有时间戳，可以对 Agent 间的对话进行记录和排演，如图 1-6 所示。

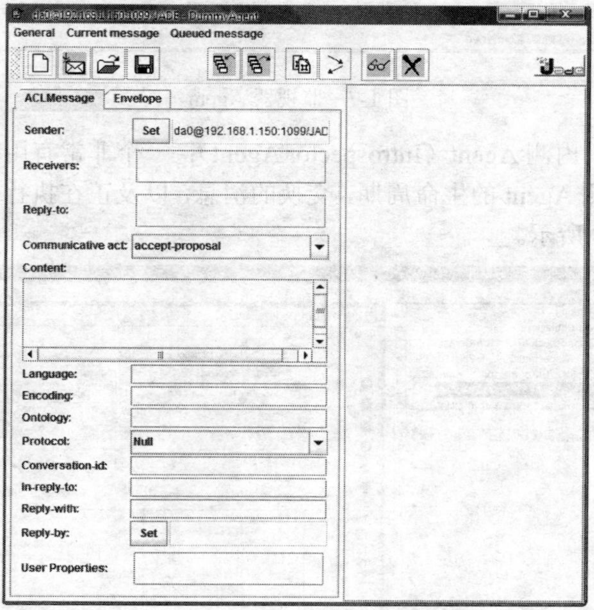

图 1-6　虚拟 Agent

（3）监视器（Sniffer Agent）：可以在 Agent 间传递消息时捕获消息，并使用类似 UML 顺序图的形式显示消息传递的过程和内容。这个工具在程序员调试 Agent 时非常有用，可以很好地观察 Agent 间如何交换消息，如图 1-7 所示。

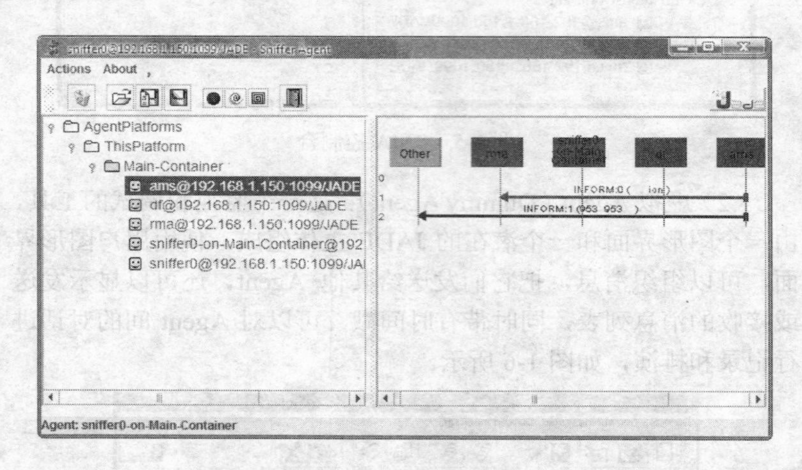

图 1-7　监视器 Agent

（4）内测 Agent（Introspector Agent）：一个非常有用的工具，可以检测 Agent 的生命周期，交换的消息，以及正在执行的行为，如图 1-8 所示。

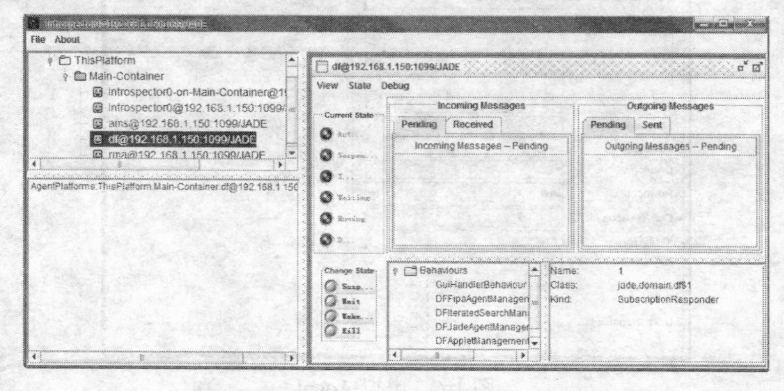

图 1-8　内测 Agent

（5）DF GUI：是 JADE 目录服务器自带的图形界面，也可以被其他每一个用户可能需要的 DF 所使用。以这种方式，用户可以建立一个域或子域网络的黄页。DF GUI 用简单直观的方式控制目录服务信息，把一个目录服务同其他的目录服务联系起来，并远程控制其父目录服务和子目录服务的信息内容，如图 1-9 所示。

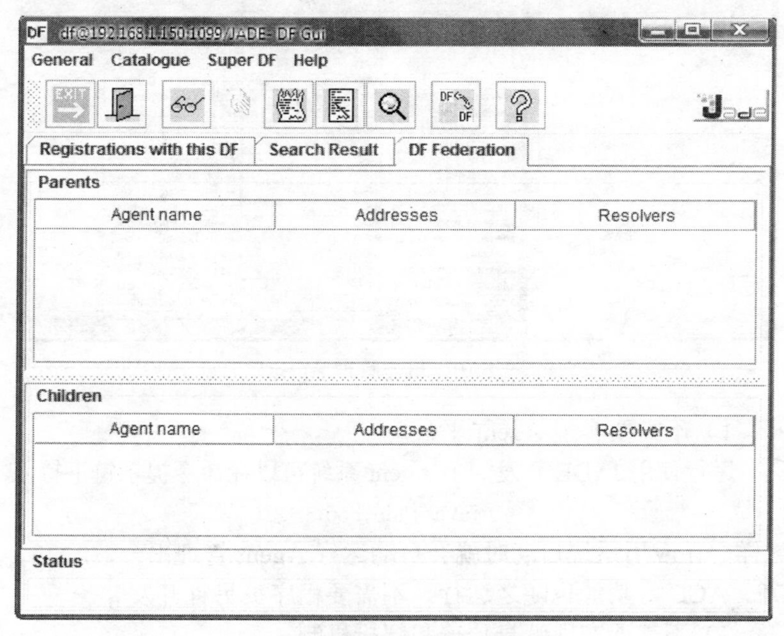

图 1-9　目录服务器的图形界面

（6）日志管理 Agent（Log Manager Agent）：是一个可以设置运行日志信息的 Agent，指明日志的层次、使用日志的类等等，如图 1-10 所示。

2. 用于开发多 Agent 系统的软件包

使用 JADE 开发多 Agent 具有快速、灵活的特点，因为 JADE 提供了丰富的软件包，这些软件包为应用程序的开发提供了现成的函数和抽象接口，只需对它们进行继承或实现。因此，使用 JADE 开发多 Agent 系统具有如下特点。

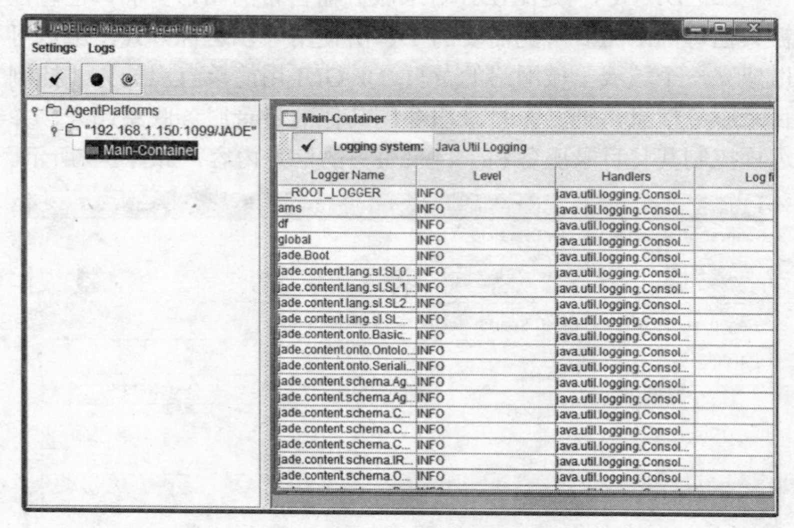

图 1-10　日志管理 Agent

1）不需要实现 Agent 平台

运行使用 JADE 开发的多 Agent 系统可以在命令提示符下输入

```
java jade.Boot -gui
```

这样，在应用系统启动时就会自动运行 Agent 管理平台，AMS、DF、ACC 等功能也随之运行，不需要程序员另行开发。

2）不需要实现消息传输和解析机制

Agent 间发送和接收信息由 JADE 平台自动、高效地完成，开发时不必考虑消息传输机制的具体细节，只需要设定消息的相关属性。

3）不需要实现 Agent 管理本体和若干功能

本体的主要作用是澄清领域知识的结构、统一领域内的术语和概念，使 Agent 间的知识共享和交互成为可能。

在 JADE 的软件包 jade.domain.JADEAgentManagement 中包含了对 JADE Agent 管理本体的定义、Agent 间使用词汇及符号列表等，不需要开发者另行定义。

JADE 主要由如下包组成：

（1）jade.core 实现了系统的核心。它包括必须由应用程序员继承的 Agent 类。除此之外，Behaviour 类包含在 jade.core.behaviours 子包里。Behaviour 类实现了一个 Agent 的任务或者意图，它们是逻辑上的活动单元，能够以各种方式组成来完成复杂执行模式，并且可以并行执行。

（2）jade.lang.acl：子包可以根据 FIPA 标准规范来处理 Agent 通信语言。

（3）jade.content：包含了一些类来支持用户定义的本体和内容语言。

（4）jade.domain：包含了由 FIPA 标准定义的描述 Agent 管理实体的所有 Java 类，尤其是 AMS 和 DF Agents，它们提供生命周期，白页服务，黄页服务。jade.domain.FIPAAgentManagement 子包包含了 FIPA-Agent-Management 本体和所有描述它的概念的类。jade.domain.jadeAgentManagement 包含了为 Agent 管理的 JADE 扩展（例如为了监测消息，控制 Agents 的生命周期等等），包括本体和所有描述它的概念的类。jade.domain.introspection 包含了用于在 JADE 工具（例如监测器和检查器）与 JADE 内核之间交互域的概念。jade.domain.mobility 包含了全部用于通信有关移动性的概念。

（5）jade.gui：包含了一套通用的创建图形用户界面（GUIs）以显示和编辑 AgentID、Agent 描述、ACL 消息（ACLMessages）的类。

（6）jade.mtp：包含了一个每个消息传输协议都应该实现的 Java 接口。

（7）jade.proto：包含了一些用来构造标准交互协议（fipa-request、fipa-query、fipa-contract-net、fipa-subscribe 以及其他一些由 FIPA 定义的协议）的类，以及一些帮助应用程序员创建他们自己协议的类。

（8）jade.wrapper：提供了 JADE 高层函数的封装，这些函数允许把 JADE 作为一个库使用，外部的 Java 应用程序可以启动 JADE Agents 和 Agent 容器。

1.3 安装和使用 JADE

步骤 1 安装 JDK 和集成开发环境

本书所有例程都基于如下开发环境：

Java 编译环境 JDK1.7.0，集成开发环境 Netbeans6.9.1，JADE4.0。

步骤 2 下载安装 JADE

严格地说并不叫安装，只需要将下载后的 ZIP 文件解压即可。

（1）到 JADE 的官方网站下载最新版本的 JADE，目前是 JADE4.0，下载地址为 http://JADE.tilab.com/download.php，注册后即可下载。

（2）将下载的 JADE-all-4.0.1.zip 解压，解压后在文件夹 JADE-all-4.0.1 下会出现四个子文件夹，其中 JADE-bin-4.0.1 下存放 JADE 的核心部件，JADE-doc-4.0.1 下存放 JADE 的说明文档、JADE-examples-4.0.1 存放 JADE 的实例源代码、JADE-src-4.0.1 下可以存放 JADE 的源文件。

步骤 3 classpath 的配置

需要在 classpath 中指明 JDK 编译环境所在的路径以及 JADE 包文件。具体操作如下：

在桌面上右键单击“我的电脑”，选择“属性”菜单，在弹出的“系统属性”对话框中选择“高级”选项卡，单击“环境变量”按钮，新建系统变量 CLASSPATH，如图 1-11 所示，设置其变量值如下：

```
C:\Program Files\Java\jdk1.7.0\jre\lib\rt.jar;C:\Program
        Files\Java\jdk1.7.0\lib\dt.jar;C:\Program
        Files\Java\jdk1.7.0\lib\tools.jar;C:\Program
        Files\Java\jdk1.7.0\jre\lib\ext\dnsns.jar;C:\Program
        Files\Java\jdk1.7.0\jre\lib\ext\localedata.jar;C:\Program
```

Files\Java\jdk1.7.0\jre\lib\ext\sunjce_provider.jar;C:\Program Files\Java\jdk1.7.0\jre\lib\ext\sunmscapi.jar;C:\Program Files\Java\jdk1.7.0\jre\lib\ext\sunpkcs11.jar;D:\JADE4.0.1\JADE-all-4.0.1\JADE-bin-4.0.1\JADE\lib\JADE.jar;D:\JADE4.0.1\JADE-all-4.0.1\JADE-bin-4.0.1\JADE\lib\commons-codec\commons-codec-1.3.jar

其中，前半部分是 JDK 编译环境所在的路径，最后两个路径指出了 JADE 包文件的名称和路径，便于系统能够找到 JADE，设置 CLASSPATH 需要符合 JDK 及 JADE 在自己机器上安装的实际情况，如图 1-11 所示。

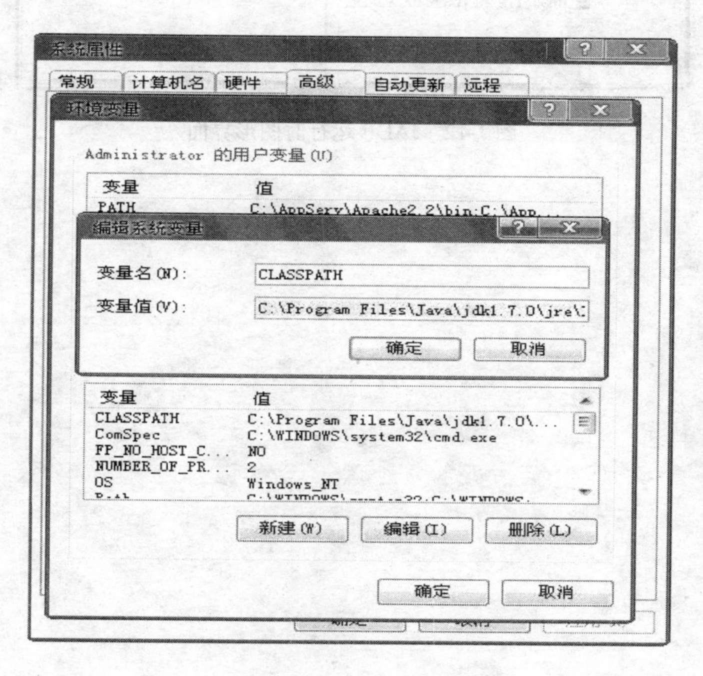

图 1-11 CLASSPATH 的设置

步骤 4 测试安装是否成功

在命令提示符下输入如下命令：

java jade.Boot -gui（注意大小写）

如果弹出如图 1-12 所示的 JADE 图形界面，则说明安装成功，接下来就可以在诸如 NetBeans 之类的集成环境下使用 JADE 开发多 Agent 系统。

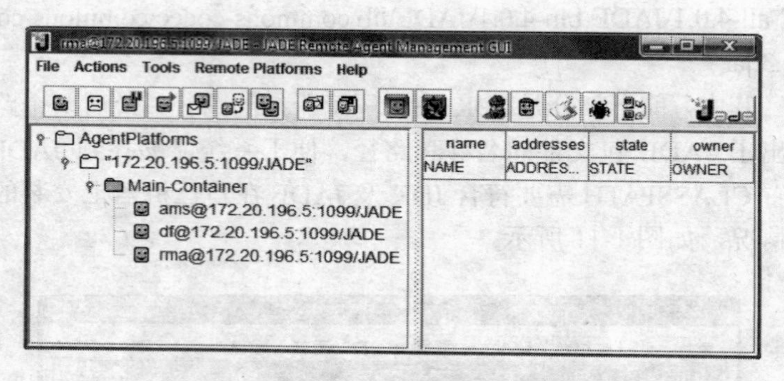

图 1-12 JADE 运行时图形界面

第2章　JADE编程基础

2.1　创建一个 JADE Agent

本节从创建一个最简单的 JADE Agent 开始，逐步详细讲述 JADE 的编程机制。

在 JADE 平台中，每个 Agent 都需要从其父类 jade.core.Agent 类派生，并且实现其 setup()方法。JADE Agent 类中可以不包含 main()函数，但必须包含 setup()函数，由 setup()来启动 Agent 并完成一些初始化工作。每个 Agent 通过 setup()函数创建成功之后，都会有一个名字，格式为<昵称>@<平台名>，这个命名是唯一的，以后 Agent 之间的通信就是通过指定 Agent 名字来进行的。

2.1.1　创建步骤

1. 新建项目

选择 NetBeans 主菜单的“文件/新建项目”选项，在弹出的“新建项目”窗口中，选择类别“Java”和项目“Java 应用程序”，单击“下一步”按钮，在弹出的“新建 Java 应用程序”窗口中指定项目的名称和位置，并将“创建主类（C）”复选框的对勾取消。如图 2-1 所示，在此程序中，将项目名称设置为“FirstAgent”，单击“完成”按钮完成项目的创建。

2. 导入 JADE 库文件

在项目窗口中右键单击项目节点“FirstAgent”，在弹出菜单中选择“属性”，在随后出现的“项目属性”窗口中选择“库”，单击“添加 JAR/文件夹（F）”按钮，从 JADE 安装目录下选择库文件（.jar）导入到项目中，如图 2-2 所示。

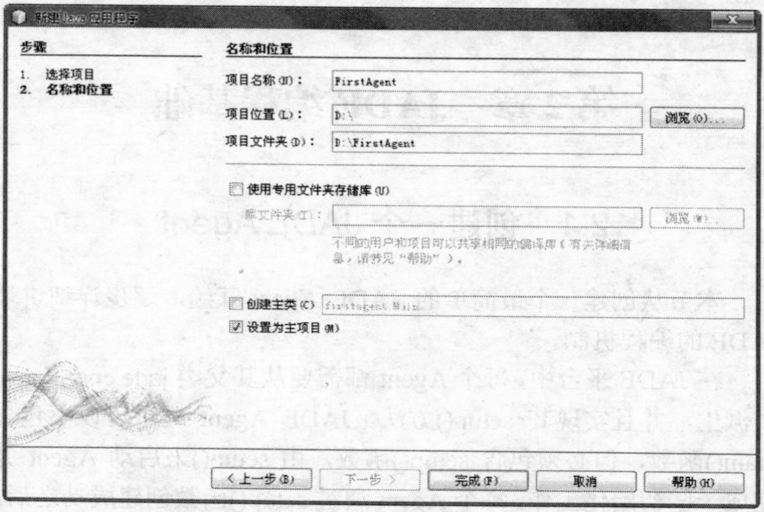

新建 Java 应用程序

步骤

1. 选择项目
2. 名称和位置

名称和位置

项目名称(N)： FirstAgent

项目位置(L)： D:\ 浏览(O)...

项目文件夹(D)： D:\FirstAgent

使用专用文件夹存储库(U)

库文件夹(I)： 浏览(W)...

不同的用户和项目可以共享相同的编译库（有关详细信息，请参见“帮助”）。

创建主类(C) firstagent.Main

设置为主项目(M)

< 上一步(B) 下一步 > 完成(F) 取消 帮助(H)

图 2-1 新建项目 FirstAgent

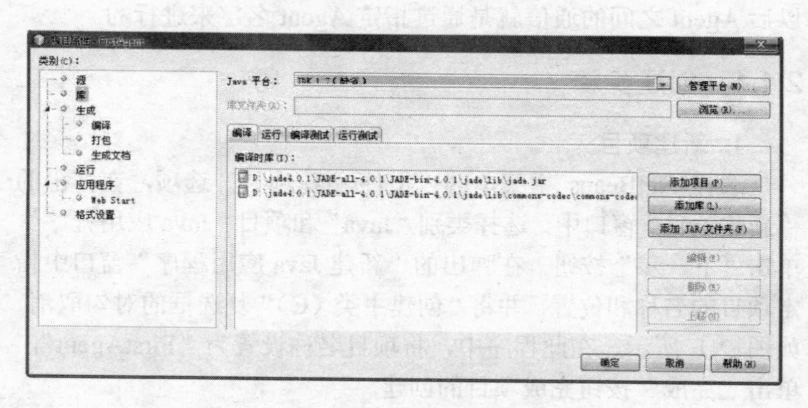

图 2-2 将 JADE 库文件导入到项目中

3. 创建 Agent 类文件

在项目窗口中右键单击项目节点“FirstAgent”，在弹出菜单中选择“新建”选择“Java 类…”。如图 2-3 所示，在“新建 Java

类”窗口中设置类名“FirstAgent”和包名“my.first”，单击“完成”按钮，此时光标会自动出现在 FirstAgent.java 的代码编辑窗口中。

图 2-3 创建 FirstAgent 类

提示：在创建类文件时也可以不输入包名，但是，一个比较好的编程习惯是输入包名，因为 Java 提供的包机制可以很好地组织类，使得项目结构清晰、层次感很强。

4. 编辑代码

在代码编辑器窗口中，首先导入 jade.core.Agent 包，即添加如下代码：

```
import jade.core.Agent;
```

并让 FirstAgent 类继承 Agent 类。然后将光标移动到两个花括号{}之间的空白处，单击右键，从弹出的菜单中选择“插入代码…”，在随后弹出的选项中选择“覆盖方法”，在“生成覆盖方法”窗口中如图 2-4 所示，列出了很多 Agent 类可以被其子类覆盖的方法，选中“setup()”后单击“生成”按钮。

图 2-4　选择要覆盖的方法

此时将 setup()方法添加 FirstAgent.java 中，并且光标自动定位到代码 super.setup()；处，将该行代码删除，并输入如下代码：

```
System.out.println("I am the first Agent");
```

运行结果如图 2-5 所示。

setup( )方法是 Agent 的基本方法，在该方法中主要进行 Agent 的初始化操作，Agent 的实际工作通常编写在 Behaviour 类中（将在后续章节介绍）。

Agent 在 setup( )方法中执行的典型操作如下：

（1）打开 Agent 的图形界面；

（2）打开与数据库的连接；

（3）在黄页目录中注册它所能提供的服务；

（4）启动它的行为类，即 Behaviour 类。

```
FirstAgent.java ×
4    */
5
6    package my.first;
7
8    /**
9     *
10    * @author Administrator
11    */
12   import jade.core.Agent;
13   public class FirstAgent extends Agent{
14
         @Override
16       protected void setup() {
17           System.out.println("I am the first Agent");
18       }
19   }
20
```

图 2-5　FirstAgent 的 Java 代码

比较好的习惯是将所有的初始化操作都写在 setup()方法中而不是定义在类的构造体中。这是因为在执行构造体时 Agent 还没有连接到 JADE 运行环境中，因而，一些继承 Agent 类的方法无法正常工作。

2.1.2　编译、运行

1. 编译

在项目窗口中右键单击“FirstAgent.java”节点，在弹出的菜单中选择“编译文件（L）”，编译成功后生成的 FirstAgent.class 文件保存在 D:\FirstAgent\build\classes 目录下，为了保证 Agent 的正常运行，需要将该路径添加到 CLASSPATH 中（本书后续例程的运行也都遵循这一原则，即运行时必须保证 Agent 类所在的路径包含在 CLASSPATH 中）。

2. 运行

在命令提示符下输入如下命令：

```
java jade.Boot -gui yuwh:my.first.FirstAgent
```

则运行结果如图 2-6、图 2-7 所示。

```
Microsoft Windows XP [版本 5.1.2600]
(C) 版权所有 1985-2001 Microsoft Corp.

C:\Documents and Settings\Administrator>java jade.Boot -gui yuwh:my.first.FirstAgent
2010-12-9 19:54:21 jade.core.Runtime beginContainer
信息: ----------------------------------
    This is JADE snapshot - revision 6357 of 2010/07/06 16:27:34
    downloaded in Open Source, under LGPL restrictions,
    at http://JADE.tilab.com/
----------------------------------------
Retrieving CommandDispatcher for platform null
2010-12-9 19:54:21 JADE.imtp.leap.LEAPIMTPManager initialize
信息: Listening for intra-platform commands on address:
- jicp://192.168.1.150:1099
2010-12-9 19:54:21 jade.core.BaseService init
信息: Service jade.core.management.AgentManagement initialized
2010-12-9 19:54:21 jade.core.BaseService init
信息: Service jade.core.messaging.Messaging initialized
2010-12-9 19:54:21 jade.core.BaseService init
信息: Service jade.core.mobility.AgentMobility initialized
2010-12-9 19:54:21 jade.core.BaseService init
信息: Service jade.core.event.Notification initialized
2010-12-9 19:54:21 jade.core.messaging.MessagingService clearCachedSlice
信息: Clearing cache
2010-12-9 19:54:21 JADE.mtp.http.HTTPServer <init>
信息: HTTP-MTP Using XML parser com.sun.org.apache.xerces.internal.
    jaxp.SAXParserImpl$JAXPSAXParser
2010-12-9 19:54:21 jade.core.messaging.MessagingService boot
信息: MTP addresses:
http://4c13849d2f73431:7778/acc
2010-12-9 19:54:21 jade.core.AgentContainerImpl joinPlatform
信息: ----------------------------------------
Agent container Main-Container@192.168.1.150 is ready.
---------------------------------------------
I am the first Agent
```

JADE 免责声明

初始化 JADE 平台所提供的服务

消息传输通道

主容器准备就绪

——Agent 的输出内容

图 2-6 FirstAgent 的运行结果——命令提示符窗口

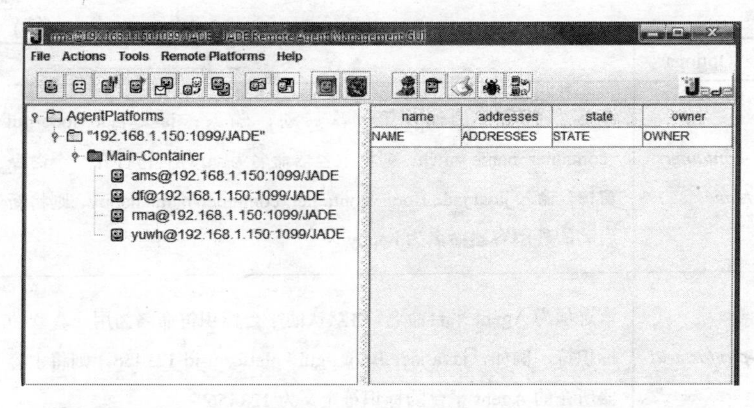

图 2-7　FirstAgent 的运行结果——JADE 图形界面

至此，第一个也是最简单的 JADE Agent 开发并运行成功。

3. Agent 运行命令解析

JADE 安装配置完毕后，通常在命令提示符下输入命令运行多 Agent 系统。命令的语法形式为

```
java jade.Boot [options] [AgentSpecifier list]
```

其中，常用的 options 可选项及各选项的含义如表 2-1 所列。

表 2-1　JADE 启动选项

Options	含　义
-container	表明 Agent 运行时将启动一个外部容器，Agent 生存在这个容器下，这个容器必须在主容器中注册
-gui	表示 Agent 运行时，JADE 的 RMA 图形界面将被打开
-port	指明主容器运行的端口号，缺省端口号为 1099。指明端口号后，一台机器上可以启动多个主容器，例如，java jade.Boot –gui –port 1088

(续)

Options	含 义
-container-name	给容器命名。例如，第一次启动，输入：java jade.Boot–gui –container–name yuwh，则将主容器命名为 yuwh；再打开一个命令窗口，输入 java jade.Boot –container–container-name happy，则将新启动的外围容器命名为 happy
-platform-id	该选项为 Agent 平台命名，将默认的平台标识符命名为用户喜欢的标识符，例如，java jade.Boot –gui –platform-id 123456，则将主容器所在的 Agent 平台的标识符定义为 123456
-name	作用同-platform-id

[AgentSpecifier list] 定义所启动的 Agent 列表，其中 AgentSpecifier 的形式为：AgentName：ClassName，ClassName 中必须指出包名，如 yuwh:my.first.FirstAgent,“yuwh”是 AgentName, my.first.FirstAgent 指 my.first 包下的 Agent 类文件 FirstAgent.class。可以同时启动多个 Agent，每个 Agent 之间需要用“;”分隔，例如：

```
java jade.Boot -gui yuwh:my.first.FirstAgent;lx:my.first.
SecondAgent
```

2.2 熟悉 Agent 标识符

遵循 FIPA 规范，在 JADE 中，每个 Agent 都由一个 jade.core.AID 类的实例唯一标识。Agent 类的 getAID()用来获取本地 Agent 的标识符。Agent 标识符由全局唯一标识（GUID）和平台地址组成，例如：

(agent-identifier:name happy@192.168.1.150:1099/JADE:addresses (sequence http://4c13849d2f73431:7778/acc))

JADE 中 Agent 的 GUID 命名形式为

<local-name>@<platform-name>

例如，在平台 foo-platform 上有一个名称为 Peterliving 的 Agent，则该 Agent 的 GUID 为 Peter@foo-platform。AID 中包含的地址是 Agent 所在平台的地址。这些地址在该 agent 与其他平台上的 Agent 通信时使用。

jade.core.AID 类提供了获取 Agent 本地名称、标识符、地址等一系列方法，如 getLocalName()、getName()、getAllAddresses() 等。示例如下：

```
import jade.core.Agent;
import java.util.Iterator;
public class AgentWorld extends Agent {
@Override
protected void setup() {
System.out.println("Hello World. I'm an agent!");
System.out.println("My local-name is "+getAID().
getLocalName());
System.out.println("My GUID is "+getAID().getName());
System.out.println("My addresses are:");
Iterator it = getAID().getAllAddresses();
while (it.hasNext()) {
System.out.println("- "+it.next());
}
}}
```

该程序的运行结果如图 2-8 所示。

```
Microsoft Windows XP [版本 5.1.2600]
(C) 版权所有 1985-2001 Microsoft Corp.

C:\Documents and Settings\Administrator>java jade.Boot -gui oneagent:AgentWorld
2010-12-9 21:26:41 jade.core.Runtime beginContainer
信息: ----------------------------------
    This is JADE snapshot - revision 6357 of 2010/07/06 16:27:34
    downloaded in Open Source, under LGPL restrictions,
    at http://jade.tilab.com/
----------------------------------------
Retrieving CommandDispatcher for platform null
2010-12-9 21:26:41 jade.imtp.leap.LEAPIMTPManager initialize
信息: Listening for intra-platform commands on address:
- jicp://192.168.1.150:1099

2010-12-9 21:26:41 jade.core.BaseService init
信息: Service jade.core.management.AgentManagement initialized
2010-12-9 21:26:41 jade.core.BaseService init
信息: Service jade.core.messaging.Messaging initialized
2010-12-9 21:26:41 jade.core.BaseService init
信息: Service jade.core.mobility.AgentMobility initialized
2010-12-9 21:26:41 jade.core.BaseService init
信息: Service jade.core.event.Notification initialized
2010-12-9 21:26:41 jade.core.messaging.MessagingService clearCachedSlice
信息: Clearing cache
2010-12-9 21:26:41 jade.mtp.http.HTTPServer <init>
信息: HTTP-MTP Using XML parser
com.sun.org.apache.xerces.internal.jaxp.SAXParse
rImpl$JAXPSAXParser
2010-12-9 21:26:41 jade.core.messaging.MessagingService boot
信息: MTP addresses:
http://4c13849d2f73431:7778/acc
2010-12-9 21:26:41 jade.core.AgentContainerImpl joinPlatform
信息: ----------------------------------
Agent container Main-Container@192.168.1.150 is ready.
--------------------------------------------
Hello World. I'm an agent!
My local-name is oneagent                          }
My GUID is oneagent@192.168.1.150:1099/JADE        }  输出 Agent 本地名称、标
My addresses are:                                  }  识符、地址等信息
- http://4c13849d2f73431:7778/acc                  }
```

图 2-8 熟悉 Agent 的标识符程序运行结果

2.3 为 Agent 添加行为

如前文所述，setup( )方法是应用程序所定义的 Agent 的活动开始点，在该方法中执行 Agent 的初始化。setup()方法执行后，Agent 就在 AMS 中注册成功。在 AMS 注册成功的 Agent，它的实际工作或任务，通常在所添加的行为 Behaviour 中执行，也就是说，一个活动的 Agent 相当于一个完成任务的主体，而真正的任务的载体则是 Behaviour 类的实例。

每个 Behaviour 都是 jade.core.behaviours.Behaviours 类的子类，一个 Behaviour 可以嵌套另一个 Behaviour。在 Agent 生命周期的任何时刻都可以调用 Behaviour 执行某种任务，方法是使用 Agent 类的 addBehaviour(Behaviour)方法。

jade.core.behaviours.Behaviours 的子类应该实现两个抽象方法（特殊的 Behaviour 除外，将在第 3 章讲解）：action()和 done()。在 action()方法中定义 Agent 需要实现的任务；done()方法返回一个布尔值来判断这个 Behaviour 是否完成其任务，是否应将其移出其所在的 Agent 所管理的行为队列，每个 Agent 可以并行执行多个 Behaviour。

我们让 FirstAgent 执行判断 numA 是奇数还是偶数的操作，为 FirstAgent 编写一个行为类 FirstBehaviour 实现该操作，然后 在 FirstAgent 的 setup()方法中启动 FirstBehaviour。

步骤 1　编写 FirstBehaviour 类

在项目“FirstAgent”的“my.first”包中新建一个 Java 类，命名为 FirstBehaviour，该类从其父类 import jade.core.behaviours.Behaviour 派生，并且必须实现父类的两个抽象方法：action()和 done()。

FirstBehaviour 类的完整代码如下：

```
package my.first;
import jade.core.behaviours.*;
public class FirstBehaviour extends Behaviour
```

```
{
private int numA=5;
public void action()
{
    if((numA % 2)!=0)
    {
        System.out.println("numA is an odd number");
    }
    else
    {
        System.out.println("numA is an even number");
    }
}
public boolean done(){return true;}
}
```

步骤2　将 FirstBehaviour 添加到 Agent 的行为队列中

在 FirstAgent 的 setup()方法中使用 Agent 的 addBehaviour()方法添加 FirstBehaviour。代码如下：

```
import jade.core.Agent;
public class FirstAgent extends Agent{

    @Override
    protected void setup() {
        System.out.println("I am the first Agent");
        this.addBehaviour(new FirstBehaviour());  //添加行为
    }
}
```

步骤3　编译、运行

对上述文件分别进行编译，成功后重新运行 FirstAgent。在命令提示符下输入：

```
java jade.Boot -gui yuwh:my.first.FirstAgent
```

则运行下结果如图 2-9 所示：

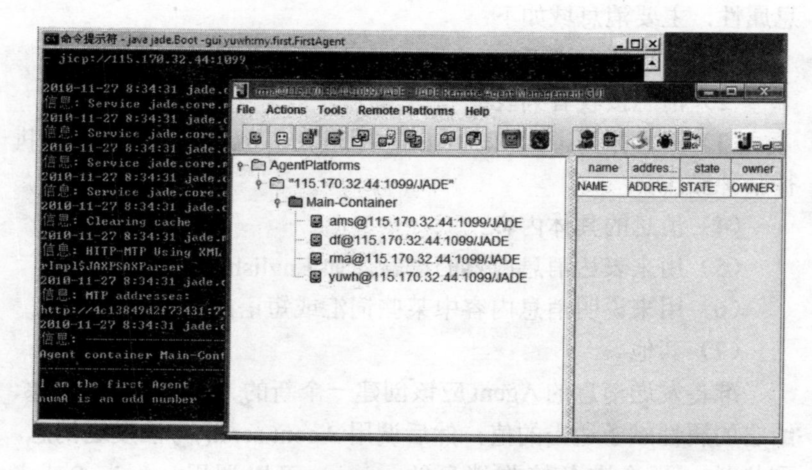

图 2-9　添加行为后的 FirstAgent 运行结果

从运行结果可以看出，Agent 执行了判断数 5 是奇数还是偶数的操作。

2.4　与其他 Agent 通信

2.4.1　基本原理

JADE 中 Agent 之间的通信基于异步通信模式。同步通信时，通信双方必须先建立同步，即双方的时钟要调整到同一个频率，而异步通信不需要如此。

每一个 JADE Agent 都有一个邮箱，即 Agent 消息队列，其他 Agent 发送来的信息都投入到这个邮箱中。一旦邮箱中收到消息，系统会给 Agent 发出通知，由程序员编写程序让 Agent 有选择地处理消息。

遵循 FIPA 规范，JADE Agent 之间通信所交换的是 ACL 消息

（将在第 4 章详细介绍），每一条消息都是继承了 JADE.lang.acl.ACLMessage 类的一个对象，包含了由 FIPA 规范制定的一系列消息属性，主要消息域如下：

（1）消息的发送者；

（2）消息接收者列表；

（3）消息原语，如 REQUEST 原语表示发送方请求接收方执行某种操作；

（4）消息的具体内容；

（5）用来表达消息内容的语言，如 English；

（6）用来说明消息内容中某些词汇或短语的本体 Ontology；

（7）其他。

准备发送消息的 Agent 应该创建一个新的 ACLMessage 对象，给它的属性赋予适当的值，然后调用 Agent.send()方法发送消息。同样地，一个准备接收消息的 Agent 可以调用 receive()或者 blockingReceive()方法接收消息。

2.4.2 发送消息

发送消息就是填写好 ACLMessage 对象的各个域，然后调用 Agent 类的 send()方法。例如，向一个名称为 Peter 的 Agent 发送“Today is raining”通知，则基本形式如下：

```
ACLMessage msg = new ACLMessage(ACLMessage.INFORM);
msg.addReceiver(new AID("Peter",AID.ISLOCALNAME));
msg.setLanguage("English");
msg.setOntology("Weather-forecast-ontology");
msg.setContent("Today it’s raining");
send(msg);
```

本例中让 FirstAgent 类的一个 Agent 实例作为信息的发送方，让他向另一个运行时名字为 alice 的 Agent 发送信息，通知 Alice 明天考试。

1. 为 FirstAgent 编写一个发送消息的行为类

在 my.first 包下新建一个 Java 类 SendBehaviour，作为 FirstAgent 的发送行为类。因为 SendBehaviour 是 Behaviour 类的子类，所以需要导入 jade.core.behaviours.Behaviour 类；SendBehaviour 类所执行的动作是发送 ACL 消息，所以还需要导入 JADE.lang.acl.ACLMessage 类；在发送消息时，需要设置消息的接收者,用 JADE AID 标识符表示,所以需要导入 jade.core.AID。

本例子中是在 Behaviour 类的子类 SendBehaviour 中编写发送消息的代码，而发送消息的 send()方法的主体是 Agent，而不是 Behaviour，所以，需要在 SendBehaviour 的构造函数中将 SendBehaviour 与 FirstAgent 类关联起来。

SendBehaviour 的完整代码如下：

```
package my.first;
import jade.core.behaviours.Behaviour;
import jade.lang.acl.ACLMessage;
import jade.core.AID;
public class SendBehaviour extends Behaviour{
  FirstAgent sendagent=null;
  @Override
  public void action() {
      ACLMessage msg=new ACLMessage(ACLMessage.INFORM);
      msg.addReceiver(new AID("Alice", AID.ISLOCALNAME));
      msg.setLanguage("English");
      msg.setContent("There will be an examination tomorrow");
      sendagent.send(msg);
      }

  @Override
  public boolean done() {
    return true;
```

```
    }
    public SendBehaviour(FirstAgent a) {
        sendagent=a;
    }
}
```

2. 修改 FirstAgent 类的 setup()方法，在其中添加 SendBehaviour。

```
import jade.core.Agent;
public class FirstAgent extends Agent{
    protected void setup() {
        this.addBehaviour(new SendBehaviour(this));
        }
}
```

至此，消息的发送端编写完毕。

2.4.3 接收消息

如 2.5.2 节所述，JADE 在运行时会自动将消息投入到接收者的消息队列中，任何一个 Agent 都可以从其消息队列中挑选消息进行处理，所作的处理工作通常在 Agent 类的 receive()方法中定义。基本形式如下：

```
ACLMessage msg = receive();
if (msg != null) {// Process the message}
```

在 my.first 包下新建一个 SecondAgent 类，其运行实例作为消息的接收方。由于运行时，SecondAgent 的实例在时刻监听发送给它的消息，一次性行为不适合处理消息的实时接收，所以，在消息接收时，我们使用了可以处理循环操作的特殊的 Behaviour 类：CyclicBehaviour（将在第 3 章详细介绍）。

SecondAgent 类的完整代码如下：

```
import jade.core.Agent;
import jade.core.behaviours.*;
import jade.lang.acl.*;
```

```
public class SecondAgent extends Agent{
    @Override
    protected void setup() {
    Behaviour loop=new CyclicBehaviour (){
    public void action(){
      ACLMessage msg =receive();
      if (msg != null) {
        System.out.println("I received this message:"+msg.
getContent());
                    }
                        }
                                              };
    this.addBehaviour(loop);
   }
    }
```

细心的读者不难发现，在这个例子中，没有为 CyclicBehaviour 单独建立一个行为类，而是将与 Behaviour 相关的所有操作都写在 Agent 的 setup()方法中，这也是在 Agent 中添加行为的常见写法。虽然从代码的形式上看是写在同一个文件中，但事实上编译的时候仍会产生两个.class 文件，一个对应 Agent，一个对应 CyclicBehaviour。

在 Agent 中添加行为还可以采用另一种常见写法如下：

```
import jade.core.Agent;
import jade.core.behaviours.*;
import jade.lang.acl.*;
public class SecondAgent extends Agent{
    @Override
    protected void setup() {
    this.addBehaviour(new CyclicBehaviour (){
```

```
public void action(){
                        ACLMessage msg =receive();
                        if (msg != null) {
                            System.out.println("I   received   this
message:"+msg.getContent());
                                          }
                        }});
} }
```

分别对信息发送端和接收端的源文件编译成功后，在命令提示符下输入命令：

```
                        java jade.Boot -gui
   alice:my.first.SecondAgent;yuwh:my.first.FirstAgent
```

运行结果如图 2-10 所示。

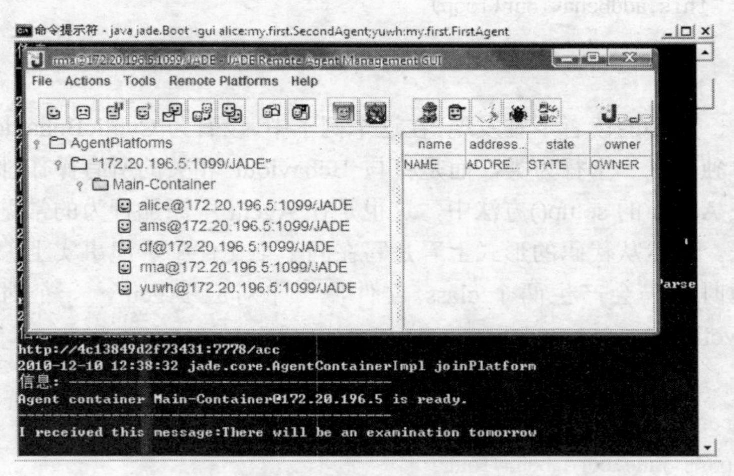

图 2-10　Agent 间发送和接收消息

从结果可以看出，在主容器中运行了消息发送 yuwh 和消息接收 Agent—alice，alice 将接收到的信息输出在屏幕上：I received this message:There will be an examination tomorrow。

第3章 Agent Behaviour 详解

3.1 Behaviour 的基本原理

在 JADE 中，每个 Agent 运行时都被分配一个线程，Agent 保持自身的操作独立性，并且能与其他 Agent 并行执行。

然而，在 Agent 内部也需要强有力的并行机制，因为一个 Agent 可能需要同时与多个 Agent 协商，而每一个协商都是按照自己的节奏进行。因此，需要开辟额外的线程来处理每一个并发的 Agent 活动，但是这样处理效率低下，因为，线程作为轻量级进程不适合大规模并行处理。

为了支持 Agent 内部并行活动的高效执行，JADE 引入了 Behaviour 的概念。一个 Behaviour 本质上就是一个事件处理，是描述一个 Agent 如何对事件作出响应的方法。事件反映了状态的改变，比如：接收到消息、中断计时器等。在 JADE 中，Behaviour 是类，事件处理代码写在 Behaviour 类的 action()方法中，action()方法定义了 Agent 执行时的实际动作。Behaviour 类的另一个重要的方法是 done()，该方法返回布尔型值“true”或“false”，表示一个 Behaviour 是否已执行完毕，是否要从 Agent 的 Behaviour 队列中删除。一个 Agent 可以并发执行多个 Behaviour。

在系统开发时，任何一个 Agent 的行为都是通过继承 jade.core.behaviours.Behaviour 或其子类来实现的。Behaviour 类有很多子类，分别对应着不同类型的 behaviours，如 Simple Behaviour 表示简单行为，CompositeBehaviour 表示组合行为等。如图 3-1 所示是 JADE Behaviour 的 UML 类图。

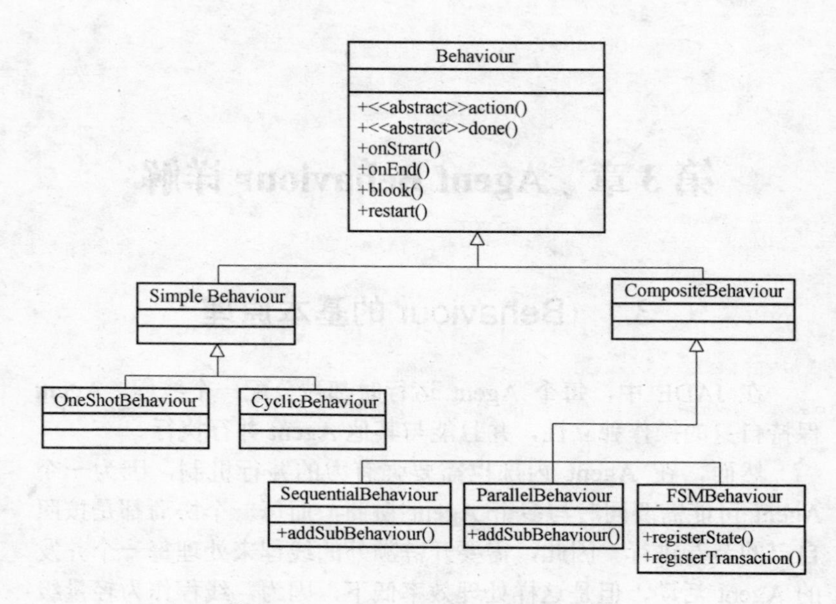

图 3-1 JADE Behaviour 的 UML 类图

3.2 简单行为（Simple Behaviour）

3.2.1 一次性行为（OneShotBehaviour）

OneShotBehaviour 是 Simple Behaviour 的子类，它的特点是 action()方法只执行一次，之所以只执行一次，是因为它的 done()方法永远返回“true”，所以在编程的时候不需要对 done()方法进行重写。

事实上，如果在编程时非要编写覆盖 done()方法的代码，例如：

```
public boolean done(){return true;}
```

则 NetBeans 会给出如下错误提示：

my.second.mybehaviour 中的 done() 无法覆盖 jade.core.behaviours.OneShotBehaviour 中的 done()；被覆盖的方法为 final

添加 @Override 标注

因为 OneShotBehaviour 派生自 jade.core.behaviours.OneShot Behaviour 类，在该抽象类中，done()方法被定义为

```
public final boolean done() {
    return true;
}
```

由于 done()方法带有关键字"final"，则意味着该方法被锁定，任何子类不得修改其含义。

一个 OneShotBehaviour 的完整示例如下：

```
import jade.core.Agent;
import jade.core.behaviours.OneShotBehaviour;
public class myshotagent extends Agent{
    @Override
    protected void setup() {
        this.addBehaviour(new mybehaviour());
    }
}
class mybehaviour extends jade.core.behaviours.OneShotBehaviour{
    @Override
    public void action() {
        System.out.println("I am a oneshot agent");
    }
}
```

除 OneShotBehaviour 外，还有一个特殊的一次性行为 WakerBehaviour，它类似于一个闹钟，可提供唤醒服务，即超出了指定时间后只执行一次的 Behaviour。在给定的一段时间之后，WakerBehaviour 执行其 handleElapsedTimeout()抽象方法，在 handleElapsedTimeout()方法结束后，行为也将结束。在下面的例子中，操作 *X* 将在屏幕上打印"Adding waker behaviour"后 10s 被执行。

```
import jade.core.Agent;
```

```
import jade.core.behaviours.WakerBehaviour;
    public class WakerAgent extends Agent {
    protected void setup() {
    System.out.println("Adding waker behaviour");
    addBehaviour(new WakerBehaviour(this, 10000) {
    protected void handleElapsedTimeout() {
    // 执行操作X
    }
    } );
    }
    }
```

3.2.2 循环行为（CyclicBehaviour）

CyclicBehaviour 也是 SimpleBehaviour 的子类，它的 action()方法可以被循环调用并执行相同的操作，只要具有 CyclicBehaviour 行为的 Agent 处于活动状态，该行为就会一直保持活动状态。CyclicBehaviour 在处理消息接收时非常有用。同 OneShotBehaviour 一样，在编程时不需要对 CyclicBehaviour 的 done()方法进行重写，因为 CyclicBehaviour 的 done()方法同样被用 final 关键字修饰，不同的是它的返回值恒为“false”。

下面我们编写一个ReceiverAgent，让它具有CyclicBehaviour，一旦其他 Agent 向他发送信息，他就会作出反应。ReceiverAgent 的完整代码如下：

```
package my.receive;
import jade.core.Agent;
import jade.core.behaviours.CyclicBehaviour;
import jade.lang.acl.ACLMessage;
public class ReceiverAgent extends Agent{
    @Override
    protected void setup() {
```

```
        this.addBehaviour(new CyclicBehaviour(){
        @Override
        public void action() {
          ACLMessage msg=receive();
          if(msg!=null){System.out.println("I received this message:
"+msg.getContent()+",this message is from:"+msg.getSender());}
            }});
    }}
```

编译成功后运行 ReceiverAgent，将其实例命名为 receiver，随时等待接收其他 Agent 发送来的消息。然后再运行任意一个前文讲述过的编译成功的 Agent，命名为 sender。运行成功后如图 3-2 所示。

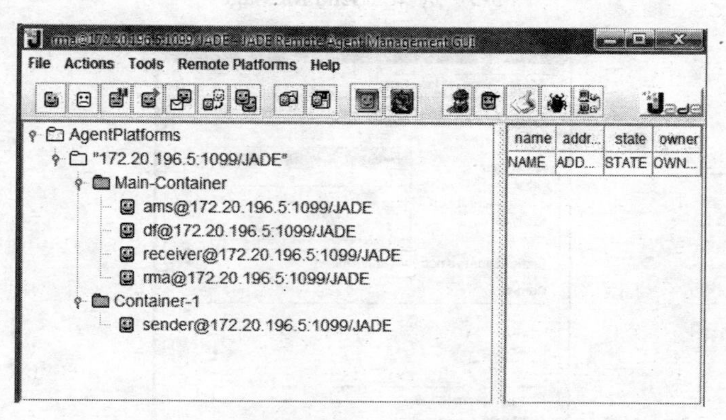

图 3-2　运行信息发送 Agent 和信息接收 Agent

右键单击 sender Agent，如图 3-3 所示，在弹出的菜单中选择"Send Message"。

在随后弹出的 ACL Message 窗口中设置 Receivers，如图 3-4 所示。

双击默认的 receiver，弹出 AID 窗口，将 NAME 框中的 sender@172.20.196.5:1099/JADE 修改为 receiver@172.20.196.5:1099/JADE，如图 3-5 所示。

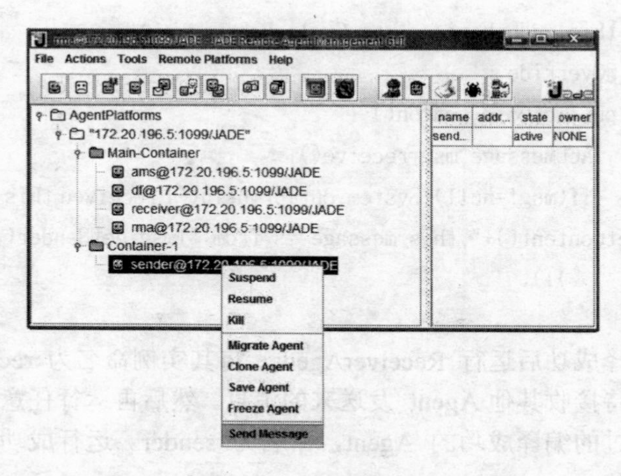
File Actions Tools Remote Platforms Help
AgentPlatforms
"172.20.196.5:1099/JADE"
Main-Container
ams@172.20.196.5:1099/JADE
df@172.20.196.5:1099/JADE
receiver@172.20.196.5:1099/JADE
rma@172.20.196.5:1099/JADE
Container-1
sender@172.20.196.5:1099/JADE
name addr... state owner
send... active NONE
Suspend
Resume
Kill
Migrate Agent
Clone Agent
Save Agent
Freeze Agent
Send Message

图 3-3　选择“Send Message”

ACLMessage
ACLMessage Envelope
Sender: Set
Receivers: sender@172.20.196.5:1099/JADE
Reply-to:
Communicative act: not-understood
Content:
Language:
Encoding:
Ontology:
Protocol: Null
Conversation-id:
In-reply-to:
Reply-with:
Reply-by: Set
User Properties:
OK Cancel

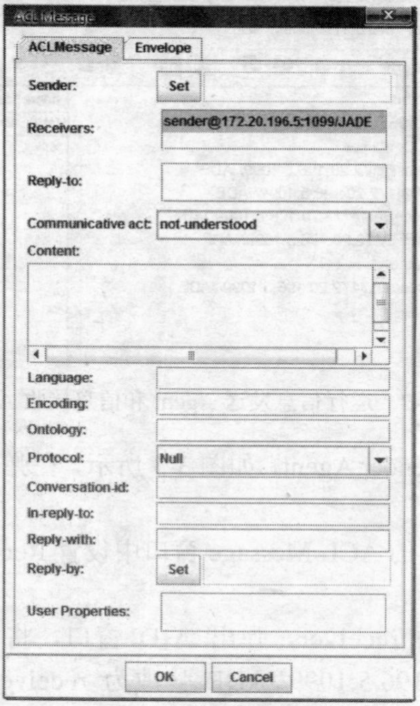

图 3-4　设置消息的接收者 Receivers

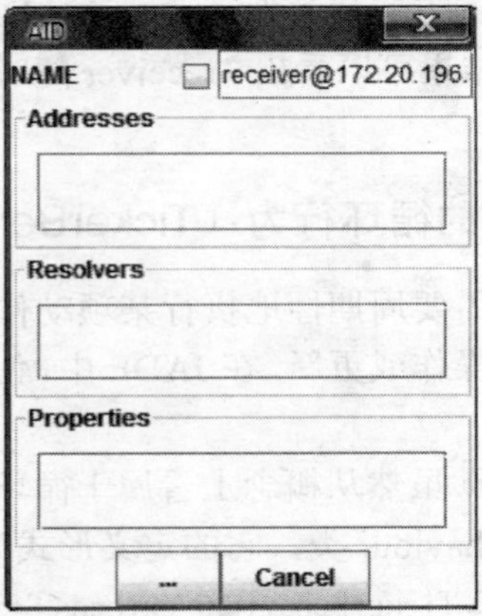
AID
NAME
receiver@172.20.196.
Addresses
Resolvers
Properties
...
Cancel

图 3-5　设置消息接收者的 AID

通过上述过程设置消息的接收者，设置完毕后，自动回到 ACL Message 窗口，在 Content 文本框中输入要发送的内容:“Hi,I am doing morning exercises.”单击“OK”按钮后发送。

这时，回到 receiver Agent 的命令提示符运行窗口，发现输出了如图 3-6 所示信息。

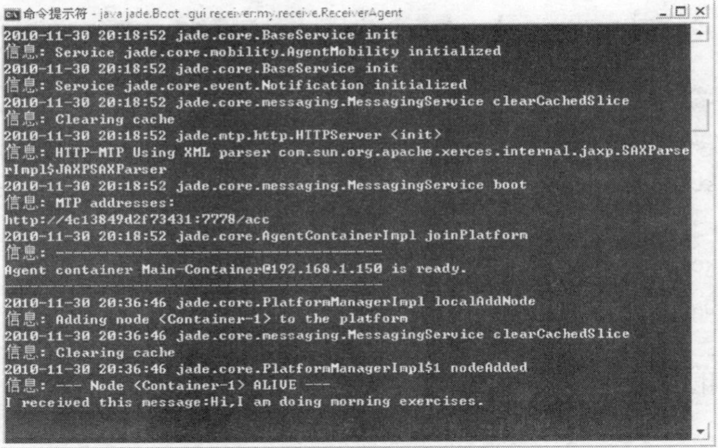
命令提示符 - java jade.Boot -gui receiver:my.receive.ReceiverAgent
2010-11-30 20:18:52 jade.core.BaseService init
信息: Service jade.core.mobility.AgentMobility initialized
2010-11-30 20:18:52 jade.core.BaseService init
信息: Service jade.core.event.Notification initialized
2010-11-30 20:18:52 jade.core.messaging.MessagingService clearCachedSlice
信息: Clearing cache
2010-11-30 20:18:52 jade.mtp.http.HTTPServer <init>
信息: HTTP-MTP Using XML parser com.sun.org.apache.xerces.internal.jaxp.SAXParserImpl$JAXPSAXParser
2010-11-30 20:18:52 jade.core.messaging.MessagingService boot
信息: MTP addresses:
http://4c13849d2f73431:7778/acc
2010-11-30 20:18:52 jade.core.AgentContainerImpl joinPlatform
信息: --------------------------------------
Agent container Main-Container@192.168.1.150 is ready.

2010-11-30 20:36:46 jade.core.PlatformManagerImpl localAddNode
信息: Adding node <Container-1> to the platform
2010-11-30 20:36:46 jade.core.messaging.MessagingService clearCachedSlice
信息: Clearing cache
2010-11-30 20:36:46 jade.core.PlatformManagerImpl$1 nodeAdded
信息: --- Node <Container-1> ALIVE ---
I received this message:Hi,I am doing morning exercises.

图 3-6　输出接收到的消息

可以使用同样的方式让其他 Agent，如 DF Agent 向 receiver 发送信息，从运行结果可以看出，receiver 随时接收信息并输出接收到的内容。

3.2.3 一个特殊的循环行为（TickerBehaviour）

有时，Agent 需要周期性地执行某项动作，如每隔一段时间对本地数据库进行操作或更新，在 JADE 中，使用 TickerBehaviour 很容易实现。

TickerBehaviour 虽然从概念上看属于循环类，但在实现上也是派生自 SimpleBehaviour 类，它的定义形式为

```
public abstract class TickerBehaviour extends SimpleBehaviour {…..}
```

在 TickerBehaviour 类的构造方法中，声明了指向 Agent 的指针和周期性操作的时间间隔。

```
public TickerBehaviour(Agent a, long period) {
    super(a);
    if (period <= 0) {
        throw new IllegalArgumentException( "Period must be
greater than 0" );
    }
    this.period = period;
}
```

在构造方法中，时间间隔 period 的单位为 ms（毫秒）。TickerBehaviour 类中的 action()方法和 done()方法都带有 final 关键字，已经被实现，其子类不需要重写这两个方法。但是 TickerBehaviour 类的任何一个子类都需要实现 onTick()方法，在该方法中定义周期性执行的动作。

下面以一个周期性操作数据库的例子说明 TickerBehaviour 的使用。

1. 问题陈述

假设在 D:\TrainTime 下存有 ACCESS 数据库 TrainDatabase.

mdb，该数据库中有列车详细时刻表 Train 和列车车次表 TrainList，两表之间的关系如图 3-7 所示。

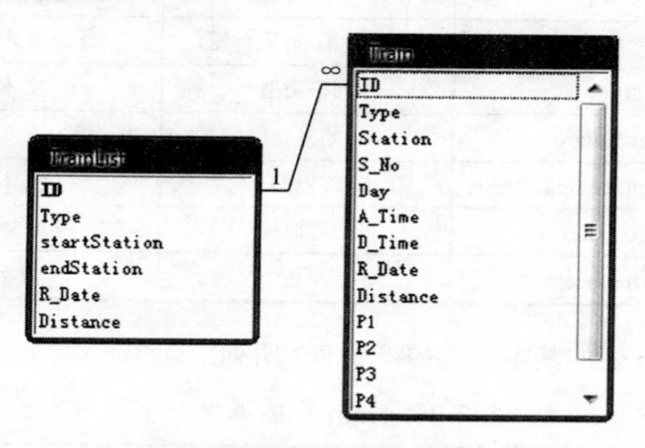

图 3-7　Train 表与 TrainList 表之间的关系

各表字段含义说明如表 3-1 所列和表 3-2 所列。

表 3-1　Train（列车时刻详细表）字段说明

字段名	字段含义	字段类型
ID	车次	文本
Type	列车类型	文本
Station	车站	文本
S_No	站序	数字
Day	天数	数字
A_Time	到达时间	文本
D_Time	开车时间	文本
R_Date	运行时间	文本
Distance	里程	数字
P1	硬座	文本
P2	软座	文本
P3	硬卧	文本
P4	软卧	文本

表 3-2　TrainList（列车车次表）字段说明

字段名	字段含义	字段类型
ID	车次，Train 表外键	文本
Type	列车类型	文本
startStation	始发站	文本
endStation	终点站	文本
R_Date	运行时间	文本
Distance	里程	数字

Train 表的基本形式如下表 3-3 所列：

表 3-3　Train 表的基本形式

Train												
车次	列车类型	车站	站序	天数	到达时间	开车时间	运行时间	里程	硬座	软座	硬卧(上/中/下)	软卧(上/下)
1019	普快	合肥西	2	1	11:51	12:01	16 分	19	1.5	-	39.5/42.5/44.5	-/-
1019	普快	安庆西	3	1	14:13	14:16	2 小时 38 分	156	13	-	51/54/56	-/-
……												

TrainList 表的基本形式如下表 3-4 所列：

表 3-4　TrainList 表的基本形式

TrainList					
车次	列车类型	始发站	终点站	运行时间	里程
1008/1009	空调普快	广州	万州	31 小时 54 分	2232
1010/1007	空调普快	万州	广州	33 小时 45 分	2232
1019	普快	合肥	东莞东	19 小时 47 分	1324

假设列车提前 40min 开始检票，开车前 15min 停止检票，则可以对当前正在检票的列车进行查询，显示正在检票的列车的车

次、车站、始发站、终点站、开车时间等信息。利用 TickerBehaviour 可以做到每隔 1min 进行一次查询，时时刷新列车的检票信息。

2. 编程前的准备工作

1）定义检索条件

将当前时间与数据库中保存的开车时间进行比较，二者之差大于 15min 小于 40min 的列车满足正在检票的条件。由于需要显示的字段不在同一表中，所以需要对两个表进行连接查询，SQL 语句为

```
SELECT train.ID, train.Station, TrainList.startStation, TrainList.
endStation, train.D_Time FROM TrainList INNER JOIN train ON TrainList.
ID=train.ID   WHERE   (((DateDiff('n',Time(),CDate(D_Time)))>15   And
(DateDiff('n',Time(),CDate(D_Time)))<40));
```

2）建立数据源

本例程中，采用 JDBC-ODBC 方式与 Access 数据库 TrainDatabase.mdb 建立连接。在“控制面板”的“管理工具”下，为 TrainDatabase.mdb 建立一个数据源，命名为 traindb，如图 3-8 所示。

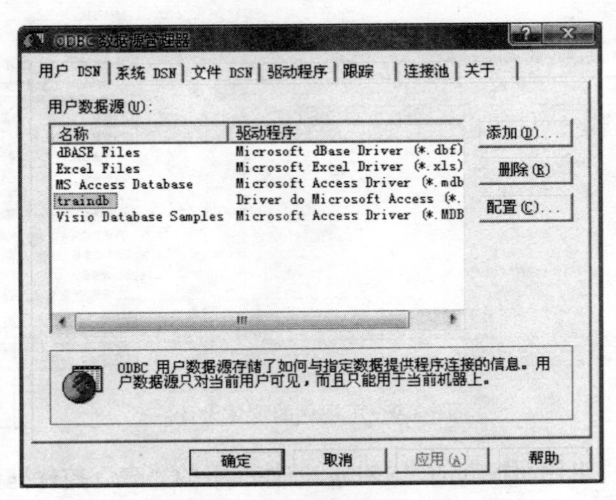

图 3-8 建立数据源 traindb

3. 程序开发

本程序的开发思路如下：

（1）编写一个具有 TickerBehaviour 的 Agent；

（2）编写 TickerBehaviour 的实现代码；

（3）在 TickerBehaviour 实现时周期性查询数据库，因而需要编写一个数据库查询函数；

（4）数据库的查询结果以表格形式显示，所以还需要设计一个数据显示界面类。

下面按照自底向上的方式叙述程序的开发过程。

在 NetBeans 下新建一个项目，项目类别为“Java 应用程序”，项目名称为 tickerdb。

1）建立查询结果显示的界面类

右键单击项目节点“tickerdb”，在弹出的菜单中选择“新建”——“JFrame 窗体…”，在随后出现的“新建 JFrame 窗体”对话框中，输入类名 showtrain，输入包名 my.tick，单击“完成”按钮，进入可视化窗体设计状态，如图 3-9 所示。

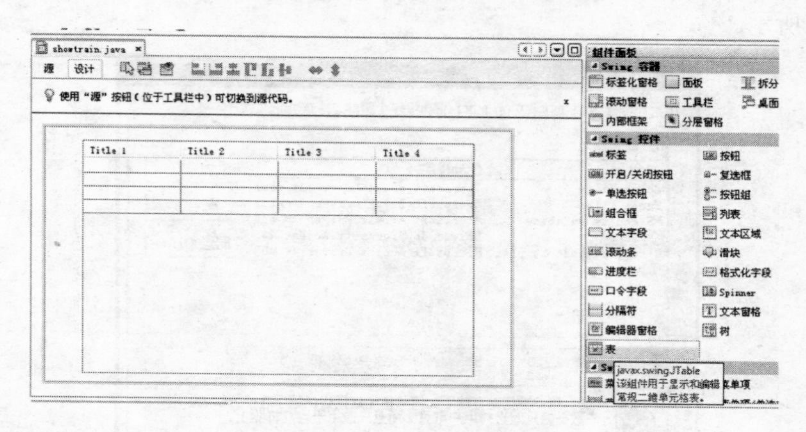

图 3-9 可视化的窗体设计

将“组件面板”的“Swing 控件”下的“表”控件拖曳至窗体上，设计好其位置及大小，接下来我们将用此表显示列车信息，这个表是javax.swing.JTable类的一个对象，其默认名称为jTable1。

右键单击窗体上的 jTable1 表对象，在弹出菜单中选择“属性”菜单，打开jTable1属性设置窗口（图3-10）。选择“代码”标签，将变量修饰符修改为“public”。

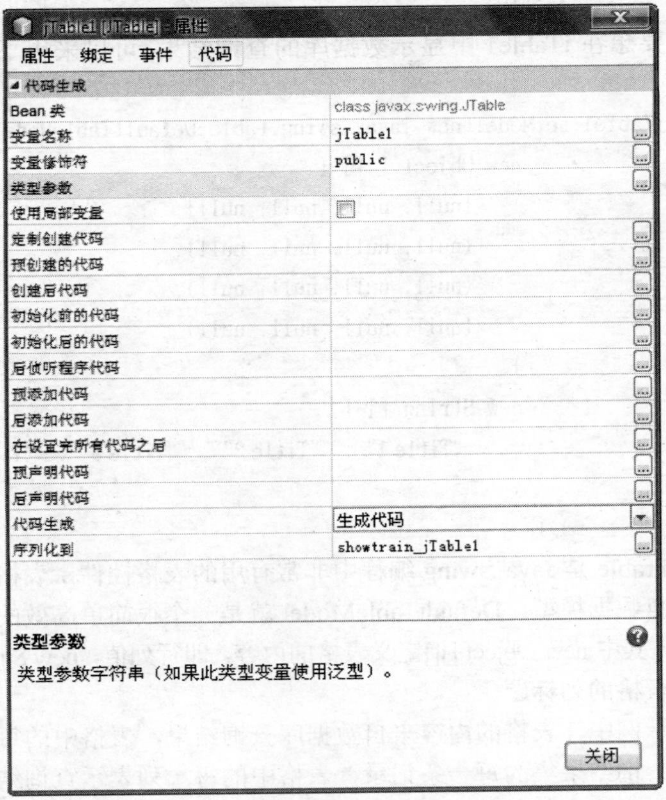

jTable1 [JTable] - 属性

属性　绑定　事件　代码

◢ 代码生成	
Bean 类	class javax.swing.JTable
变量名称	jTable1
变量修饰符	public
类型参数	
使用局部变量	☐
定制创建代码	
预创建的代码	
创建后代码	
初始化前的代码	
初始化后的代码	
后侦听程序代码	
预添加代码	
后添加代码	
在设置完所有代码之后	
预声明代码	
后声明代码	
代码生成	生成代码
序列化到	showtrain_jTable1

类型参数

类型参数字符串（如果此类型变量使用泛型）。

关闭

图3-10　表格控件的属性设置

窗体及对象属性设置完毕后，单击“源”，查看并修改所生成的源代码。因为在本例中showtrain类不是整个项目的主类或入口类，因此，需要删除其入口函数。即删除下列代码：

```
public static void main(String args[]) {
```

```
        java.awt.EventQueue.invokeLater(new Runnable() {
            public void run() {
                new showtrain().setVisible(true);
            }
        }); }
```

要想在 jTable1 中显示数据库的查询结果，可以采用下列形式：

```
jTable1.setModel(new javax.swing.table.DefaultTableModel(
            new Object [][] {
                {null, null, null, null},
                {null, null, null, null},
                {null, null, null, null},
                {null, null, null, null}
            },
            new String [] {
                "Title 1", "Title 2", "Title 3", "Title 4"
            }
        ));
```

JTable 是 Java Swing 编程中非常有用的表格控件，表格中的值来自数据模型，DefaultTableModel 就是一个很简单高效的表格模型，其中 new Object [][]定义表格的内容，即行列值，new String [] 设置表格的列标题。

示例中，表格的内容来自数据库查询结果，表格中的每一行代表查询结果集的每一条记录，表格中的每一列表示查询结果集的每一个属性。因此，下一步，可以编写一个数据库查询函数，让该函数返回一个 Object 类型的二维数组，作为 jTable1 数据模型的内容部分。

2）编写数据库查询函数

该函数写在 TickerBehavior 的子类中，由该子类做周期性调用，函数返回结果作为表格的输出内容如下：

```
public Object[][] qrytrain() {
        Connection conn;
        Statement smt;
        ResultSet rst;
        Object[][] tr1 = null;
        int i = 0;
        int traincount = 0;
        try {
            Class.forName("sun.jdbc.odbc.JdbcOdbcDriver");
            conn = DriverManager.getConnection("jdbc:odbc:traindb");
            smt = conn.createStatement();
            String qryrows = "SELECT count(*) FROM TrainList INNER
JOIN train ON TrainList.ID = train.ID WHERE (((DateDiff('n',Time(),
CDate(D_Time)))>15 And (DateDiff('n',Time(),CDate(D_Time)))<40))";
            rst = smt.executeQuery(qryrows);
            while (rst.next()) {
                traincount = rst.getInt(1);
            }
            if (traincount > 0) {
                tr1 = new Object[traincount][5];
                String qrystr = "SELECT train.ID, train.Station,
TrainList.startStation, TrainList.endStation, train.D_Time FROM
TrainList INNER JOIN train ON TrainList.ID = train.ID WHERE
(((DateDiff('n',Time(),CDate(D_Time)))>15 And (DateDiff('n',Time(),
CDate(D_Time)))<40))";
                rst = smt.executeQuery(qrystr);
                while (rst.next()) {
                    tr1[i][0] = rst.getString(1);
                    tr1[i][1] = rst.getString(2);
```

```
                    tr1[i][2] = rst.getString(3);
                    tr1[i][3] = rst.getString(4);
                    tr1[i][4] = rst.getString(5);
                    i++;
                }
            }
        } catch (Exception e) {
        }
        return tr1;
    }
```

3）创建一个 TickerBehaviour 类的子类

在项目“tickerdb”的 my.tick 包下，新建一个 Java 类，类名为 TickSQLbehaviour，该类派生自 TickerBehaviour 类，编程时作如下工作：

① 在构造函数中定义指向 Agent 的指针及周期性操作的时间间隔；

② 数据库查询函数 qrytrain()写在该类中；

③ 实现 onTick()方法，在该方法中调用 qrytrain()，设置表格数据模型，并刷新表格。

TickSQLbehaviour 的完整代码如下：

```
package my.tick;
import jade.core.behaviours.TickerBehaviour;
import java.sql.*;
import javax.swing.table.*;
public class TickSQLbehaviour extends TickerBehaviour {

    showtrain x1 = new showtrain();
    public TickSQLbehaviour(TickAgent a) {
        super(a, 6000);
        x1.setTitle("当前正在检票的列车……");
```

```
    }
    public Object[][] qrytrain() {
        //此处代码略，见前文
        return trl;
    }
    @Override
    protected void onTick() {

        String[] name = {"车次", "车站", "始发站", "终点站", "开车
时间"};
        DefaultTableModel dftm = new DefaultTableModel(qrytrain(),
name);
        x1.jTable1.setModel(dftm);
        x1.jTable1.repaint();
        x1.setVisible(true);
    }
}
```

4）创建 Agent

在项目“tickerdb”的 my.tick 包下，新建一个 Java 类，类名为 TickAgent，该类派生自 Agent 类，在其 setup()方法中添加 TickSQLbehaviour，代码如下：

```
package my.tick;
import jade.core.Agent;
public class TickAgent extends Agent {
    @Override
    protected void setup() {
        this.addBehaviour(new TickSQLbehaviour(this));
    }
}
```

4. 运行

在命令提示符下输入：

```
java jade.Boot-gui trainagent:my.tick.TickAgent
```

运行结果如图 3-11 所示。

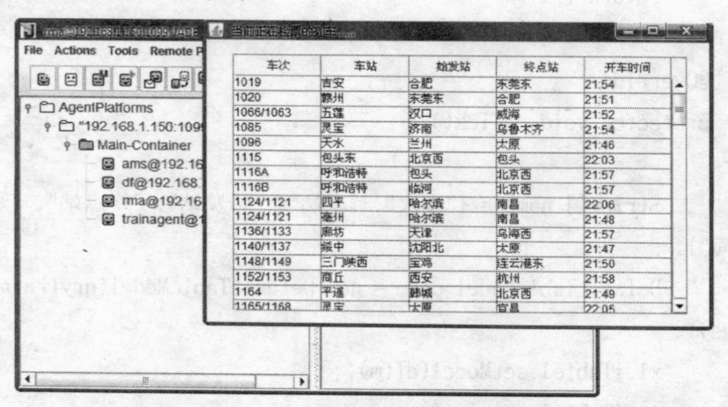

图 3-11　TickerBehaviour 例程的运行结果

3.3　组合行为（Composite Behaviour）

3.3.1　顺序行为（SequentialBehaviour）

SequentialBehaviour 是一种组合行为，意即可以将简单的行为组合成更复杂的行为。SequentialBehaviour 一个接一个地执行其子行为，直到最后一个子行为执行完毕，类似于一个制定好的计划，包含一组子任务，整个“计划”中的任务按顺序执行，只有当前任务执行完毕，下一个子任务才会被执行，如图 3-12 所示。

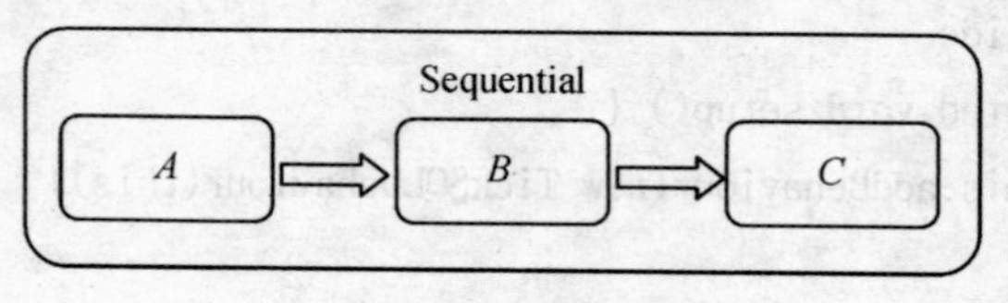

图 3-12　顺序行为示意图

一个 SequentialBehaviour 的完整程序示例如下：

```
import jade.core.Agent;
import jade.core.behaviours.*;

public class MysequentialAgent extends Agent {

    @Override
    protected void setup() {
        SequentialBehaviour sb = new SequentialBehaviour(this);
        sb.addSubBehaviour(new OneShotBehaviour(this) {
            @Override
            public void action() {
                System.out.println("I am the first child Behaviour.");
            }
        });
        sb.addSubBehaviour(new WakerBehaviour(this, 6000) {
            @Override
            protected void onWake() {
                System.out.println("I am the second child Behaviour.");
            }
        });
        sb.addSubBehaviour(new SimpleBehaviour(this) {
            boolean finished = false;
            @Override
            public void action() {
                System.out.println("I am the third child Behaviour.");
                finished = true;
            }
            @Override
            public boolean done() {
                return finished;
```

```
            }
        });
        this.addBehaviour(sb);
    }
}
```

本例中的顺序行为由一个一次性行为、一个唤醒行为和一个简单行为组成，运行时它们由 Agent 按顺序调用。

运行结果如图 3-13 所示。

```
Microsoft Windows XP [版本 5.1.2600]
(C) 版权所有 1985-2001 Microsoft Corp.

C:\Documents and Settings\Administrator>java jade.Boot -gui mysqagent:my.first.M
ysequentialAgent
2010-12-17 13:35:00 jade.core.Runtime beginContainer
信息: ----------------------------------  ┐
     ........................             ├ 运行中的系统说明信息，略。
----------------------------------------  ┘
I am the first child Behaviour.           ┐
I am the second child Behaviour.          ├ 按顺序执行各子行为
I am the third child Behaviour.           ┘
```

图 3-13　SequentialBehaviour 程序的运行结果

3.3.2　并发行为（ParallelBehaviour）

ParallelBehaviour 也是一个组合行为，其所有的子行为同时被激活如图 3-14 所示。运行结束的可能标志如下：

（1）所有的子行为运行结束；

（2）N 个子行为运行结束；

（3）任何一个子行为运行结束。

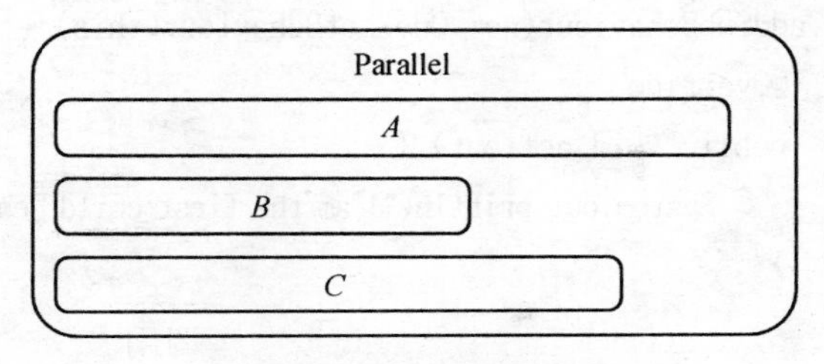

图 3-14　并发行为示意图

构建 ParalleBehaviour 时需要设定行为的结束条件，可采用下列构造方法：

```
public ParallelBehaviour(Agent a, int endCondition) {
        super(a);
        whenToStop = endCondition;
    }
```

endConditon 的取值可以是一个整数 n，n 表示行为个数，即若有 n 个行为运行完毕，则程序结束；也可以是 ParallelBehaviour.WHEN_ALL，表示所有行为运行结束则程序结束；也可以是 ParallelBehaviour.WHEN_ANY，表示任意一个行为运行结束则程序结束。例如：

```
    ParallelBehaviour pb = new ParallelBehaviour(this,Parallel
Behaviour.WHEN_ANY);
```

一个 SequentialBehaviour 的完整程序示例如下：

```
package my.first;
import jade.core.Agent;
import jade.core.behaviours.*;
public class MyparallAgent extends Agent {
    @Override
    protected void setup() {
        ParallelBehaviour pb = new ParallelBehaviour(this, Parallel
```

```
Behaviour.WHEN_ANY);
        pb.addSubBehaviour(new OneShotBehaviour(this) {
            @Override
            public void action() {
                System.out.println("I am the first child Behaviour.");
            }
        });
        pb.addSubBehaviour(new WakerBehaviour(this, 6000) {
            @Override
            protected void onWake() {
                System.out.println("I am the second child Behaviour.");
            }
        });
        pb.addSubBehaviour(new SimpleBehaviour(this) {
            boolean finished = false;
            @Override
            public void action() {
                System.out.println("I am the third child Behaviour.");
                finished = true;
            }
            @Override
            public boolean done() {
                return finished;
            }
        });
        this.addBehaviour(pb);
    }
}
```

从运行结果可以看出，只执行了第一个行为，输出信息为

I am the first child Behaviour.

这与使用了 ParallelBehaviour.WHEN_ANY 参数有关，若将 ParallelBehaviour.WHEN_ANY 改为 ParallelBehaviour.WHEN_ALL，则运行结果为

```
I am the first child Behaviour.
I am the third child Behaviour.
I am the second child Behaviour.
```

读者不妨思考一下，为什么输出的信息是这样一种顺序呢？

3.3.3 有限状态机行为（FSMBehaviour）

FSMBehaviour 也是一个组合行为，根据用户定义的有限状态机制执行它的子行为。每一个子行为都代表了有限状态机模型中的一个状态。也就是说，每个子类描述了一个 FSM 状态中要完成的动作，用户可以定义在 FSM 状态之间的转换。当一个对应于状态 S_i 的子类完成后，它的终止值（由 onEnd()方法返回）用来选择到活动状态的转换，这样就可以到达一个新的状态 S_j。在下一个循环中，将会执行对应于 S_j 的子类。可以将某些 FSMBehaviour 类的子类注册为终止状态，任意一个代表终止状态的子类完成，FSMBehaviour 行为就会终止，如图 3-15 所示。

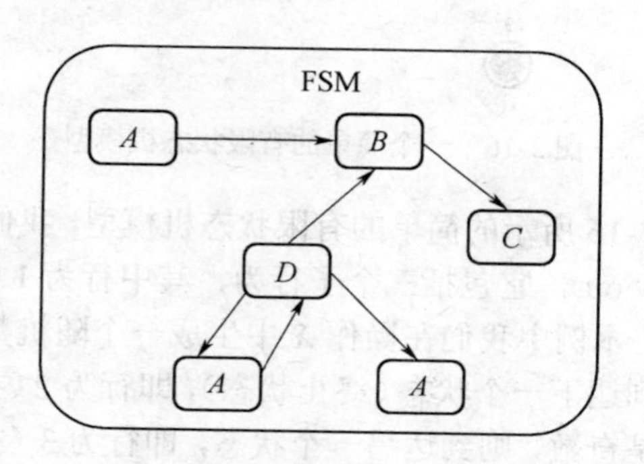

图 3-15　有限状态机行为示意图

定义一个 FSMBehaviour 至少需要下列几个步骤：

（1）调用 registerFirstState()方法注册一个单一的行为作为有

限状态机模型的初始状态；

（2）调用 registerLastState()方法注册一个或多个行为作为有限状态机模型的终止状态；

（3）调用 registerState()方法注册一个或多个行为作为有限状态机模型的中间状态；

（4）对于有限状态机的每一个状态，调用 registerTransition()方法，注册该状态到另一个状态的变迁；

（5）调用 registerDefaultTransition()方法注册从一个状态到另一个状态的无条件的变迁。

一个完整的 FSMBehaviour 示例如图 3-16 所示。

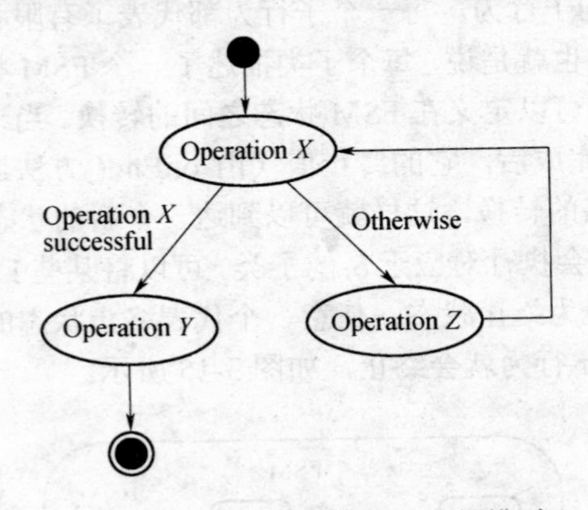

图 3-16 一个简单的有限状态机模型

对于图 3-16 所示的简单的有限状态机模型，我们可以定义一个 FSMBehaviour，它包括三个子行为，其中行为 1 是初始状态，执行操作 *X*，本例中我们在操作 *X* 中生成一个随机数，若该随机数是偶数则到达下一个状态（终止状态），即行为 2（执行操作 *Y*）；若该随机数是奇数，则到达另一个状态，即行为 3（执行操作 *Z*），并由行为 3 重新激活初始状态。

下面为这个有限状态机模型创建一个 FSMBehaviour，完整代码如下：

```
package my.fsm;
import jade.core.Agent;
import jade.core.behaviours.*;

public class MyFSMBehaviour extends FSMBehaviour {
    public MyFSMBehaviour(Agent a) {
        super(a);
        this.registerFirstState(new OperationXBehaviour(), "X");
        this.registerLastState(new OperationYBehaviour(), "Y");
        this.registerState(new OperationZBehaviour(), "Z");
        registerTransition("X", "Y", 1);
        registerTransition("X", "Z", 0);
        registerDefaultTransition("Z",  "X",  new  String[]{"X",
"Z"});
        this.scheduleFirst();
    }
}
class OperationXBehaviour extends OneShotBehaviour {
    private int numx;
    @Override
    public void action() {
  numx = (int) (Math.random() * 100 + 1);
        System.out.println("本次产生了随机数:"+numx);
    }
    @Override
     public int onEnd() {
         return ((numx % 2 == 0) ? 1 : 0);
    }
}
```

```
class OperationYBehaviour extends OneShotBehaviour {
    @Override
    public void action() {
        System.out.println("Here is y");
    }
}
class OperationZBehaviour extends OneShotBehaviour {
    @Override
    public void action() {
        System.out.println("Here is z");
    }
}
```

创建一个 Agent 并添加该 FSMBehaviou 如下：

```
package my.fsm;
import jade.core.Agent;

public class MyFSMAgent extends Agent {

    @Override
    protected void setup() {
        this.addBehaviour(new MyFSMBehaviour(this));
    }
}
```

运行该程序，结果如图 3-17 所示。

从运行结果可以看出，第一次产生随机数 75，由于是奇数，所以执行到行为 3 状态，即操作 *Z*，并重新激活初始状态，又产生随机数 77，仍然是奇数，执行操作 *Z*，再次激活初始状态，产生了随机数 58，是偶数，所以执行到终止状态，整个有限状态机模型运行结束。

```
Microsoft Windows [版本 6.1.7600]
版权所有 (c) 2009 Microsoft Corporation。保留所有权利。

C:\Users\think>java jade.Boot -gui yuwh:my.fsm.MyFSMAgent
2011-1-18 22:45:14 jade.core.Runtime beginContainer
信息: ---------------------------------
     ..........                          } 运行时的系统说明信息，略。
-----------------------------------------
本次产生了随机数:75
Here is z
本次产生了随机数:77
Here is z                                } 程序运行结果
本次产生了随机数:58
Here is y
```

图 3-17　有限状态机模型的运行结果

第 4 章 Agent Communication 详解

4.1 JADE Agent 通信基本原理

Agent 之间的通信遵循 FIPA 规范，FIPA 规范对 Agent 间的通信方式、通信策略与通信协议等均有规定。Agent 间的通信机制可参考图 4-1 所示的层次模型：

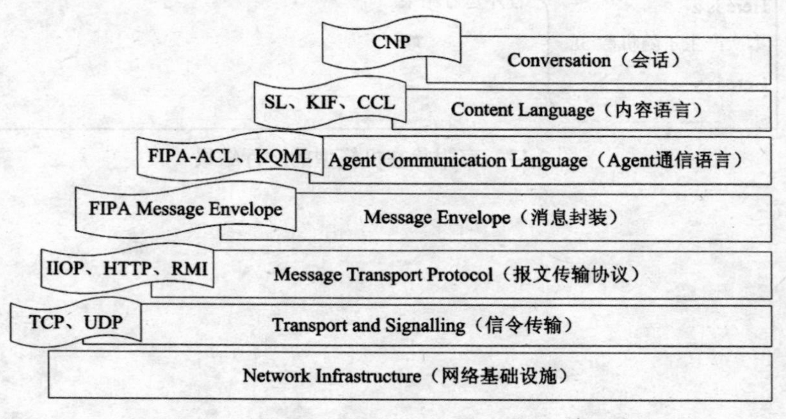

图 4-1 遵循 FIPA 规范的 Agen 间的通信模型

该模型自底向上，共分 7 层：网络基础设施层、传输层、报文传输协议层、消息封装层、Agent 通信语言层、内容语言层、会话层。

其中，网络基础层与传输层属于网络基础知识范畴，本书不作赘述。下面对其他层次做以介绍。

1. 报文传输协议层（Message Transport Protocol）

报文传输协议层对 Agent 间的消息传输作出了下列规定：

（1）每个Agent都有一个唯一的且不可改变的名字；

（2）每个Agent都对应一个或多个传输描述（transport description），用来描述与传输相关的信息，如传输的种类、传输地址等。

（3）每一个传输描述都与一种传输形式相关，如IIOP、SMTP、HTTP等。

在JADE中，Agent之间的通信采用异步传输机制，每个Agent都有一个mailbox，接收来自其他Agent的消息，一旦到达一条消息，系统将通知给相应的Agent，由该Agent调用Behaviour类中的action()方法对消息作出响应。如图4-2所示。

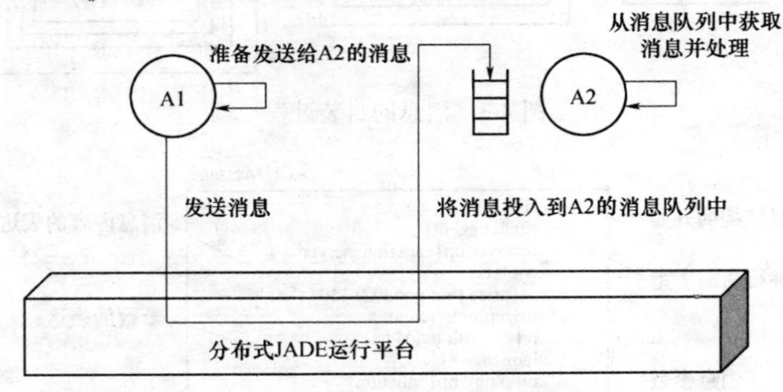

图4-2 JADE Agent间的异步通信机制

2. 消息封装层（Message Envelope）

消息封装层负责在消息传送时将消息封装成消息的有效负载payload，并加入到消息的传输队列中。消息负载使用适合传输的编码表示机制进行编码。消息的封装过程如图4-3所示。

3. Agent通信语言层（Agent Communication Language）

通信语言层是Agent用以表达他关于通信内容的观点及态度、并将其传输给会话方的媒介或工具。

FIPA规范中，Agent间通信使用ACL语言，它在语法上与KQML非常类似。一个ACL Message的例子如图4-4所示。

4. 内容层（Content Lauguage）

内容层指明消息内容用什么语言来表达，在FIPA规范中，常见的内容语言有SL，CCL，KIF，RDF等。

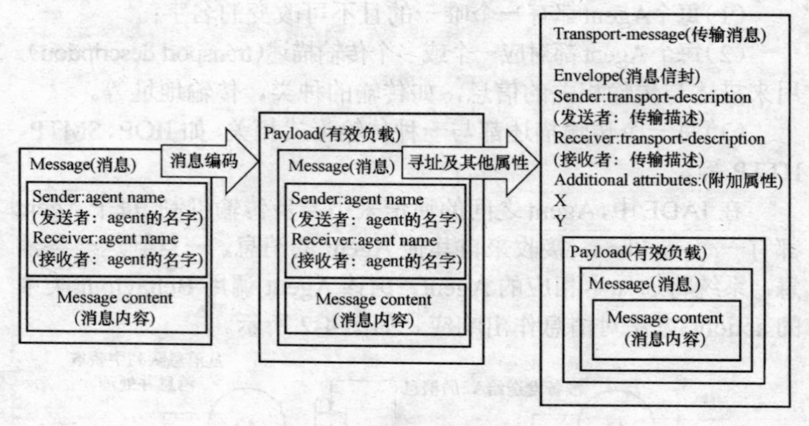

图 4-3　消息的封装过程

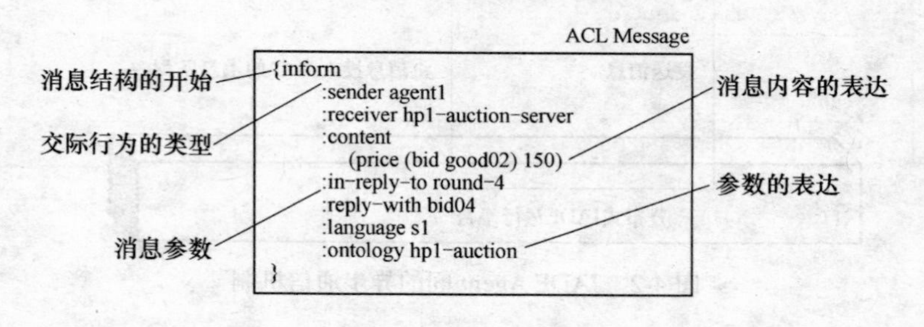

图 4-4　ACL Message 示例

5. 会话层（Conversation）

会话层是 Agent 用以管理整个会话过程的结果、规则和有关的会话策略。会话由一个或多个消息组成，遵循 Agent 交互协议 AIP。

Agent 之间通信基于言语行为理论，其基本原理是：说话人所说的话语不仅仅陈述一个事实，而且是说话人作出的带有某种意图的动作。消息即表示一种言语行为，用 Agent 通信语言 ACL 编码。可以将消息形式化为

$$<i, act(j, c)>$$

其中：i 是言语行为的发起，即消息；act 表示行为的名称，向听众传达说话人的意图；j 是消息的目标受众；c 是消息的语义

内容。

交际行为也称为原语，是消息的核心，常用的原语有：query、inform、request、agree、refuse 等，见表 4-1 的说明。

表 4-1　消息原语

消 息 示 例	原 语 类 型
Is the door open?	query
Open the door (for me)	request
OK! I'll open the door	agree
The door is open	inform
I am unable to open the door	failure
I will not open the door	refuse
Say when the door becomes open	subscribe
Anyone wants to open the door?	cfp（call for proposal）
I can open the door for you..at a price	propose
Door? What's that? Don't understand...	not-understood

消息的构成如图 4-5 所示。

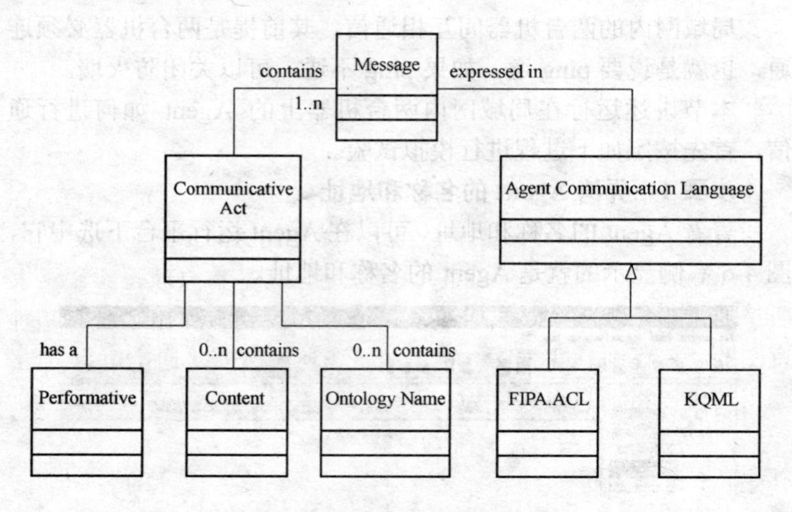

图 4-5　消息的构成

消息结构中的主要参数如表 4-2 所列。

表 4-2 ACL 消息中的主要参数

参 数	参 数 的 含 义
Performative	言语行为的类型
Sender	消息的发信人
Receiver	消息的收信人
Reply_to	回复对象
content	消息内容
Language	消息的表示语言
Encoding	消息的编码格式
ontology	消息本体，双方都能够理解的消息内容的概念说明和语义描述
protocol	会话的协议类型
Conversation-id	会话的标识符

4.2 远程机器上的 Agent 间的通信

4.2.1 远程通信的模拟试验

局域网内的两台机器间互相通信，其前提是两台机器必须连通，也就是说要 ping 通。如果 ping 不通，可以关闭防火墙。

本节讲述运行在局域网内两台机器上的 Agent 如何进行通信，首先按照如下过程进行模拟试验。

步骤 1　弄清 Agent 的名称和地址

查看 Agent 的名称和地址，可以在 Agent 运行平台下选中它，图 4-6 右侧显示的就是 Agent 的名称和地址。

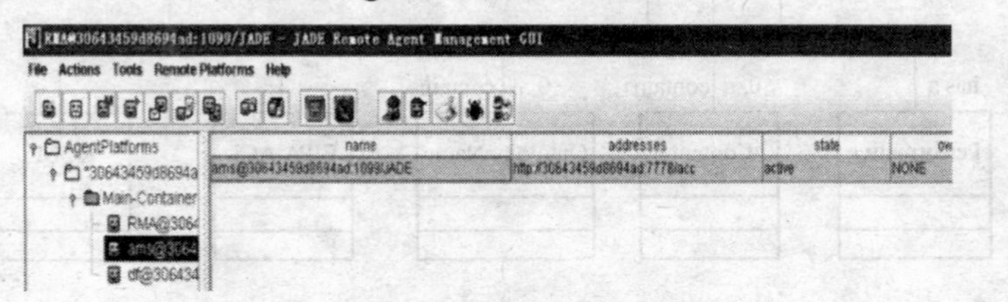

图 4-6 弄清 Agent 的名称和地址

步骤 2　在两台机器上分别编写任意简单的 Agent 程序并运行

代码略。

步骤 3　在发送方 Agent 的运行平台（AgentPlatform）上添加与它通信的远端 Agent（接收方）的平台

操作如下：

（1）右键单击 AgentPlatforms，在弹出的菜单中选中“Add Platform via AMS AID”；

（2）在弹出的对话窗口中填写 NAME 和 Addresses。

在 NAME 处填写远端 Agent，即接收方的运行平台。本例子中，远端 Agent 的运行平台为：ams@Yuwh-PC:1099/JADE。在 Address 中填写远端 Agent 的运行地址。本例子中，地址为 http://Yuwh-PC:7778/acc。如图 4-7 所示。

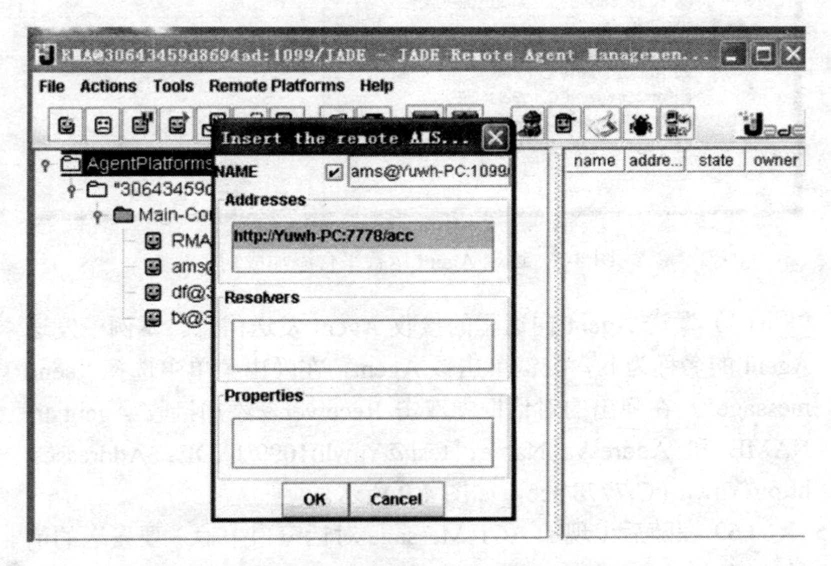

图 4-7　填写远端 Agent 运行平台的名称和地址

（3）填写好后在发送方的 Agent 平台上会多出一个 RemotePlatforms，表示两台机器连接成功。注意在防火墙开启的条件下操作，会导致连接失败，关闭防火墙是顺利通信的前提。

（4）在远端平台下右键单击“Yuwh-PC:7778/acc”，在弹出的菜单中选中“Refresh Agent List”，则远程机器上的所有 Alive 状态的 Agent 都会显示出来，如图 4-8 所示。

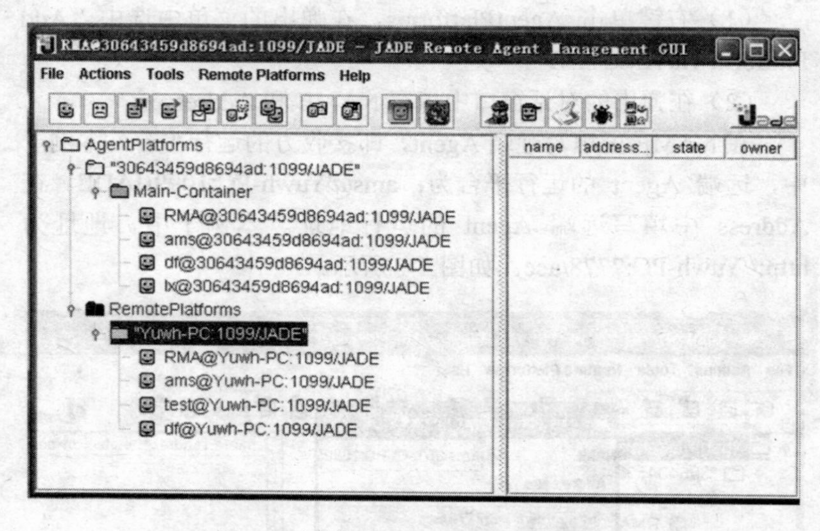

图 4-8　远端 Agent 运行平台添加成功

（5）发送 Agent 向远程的接收 Agent 发送信息。本例中发送 Agent 的名称为 lx，右键单击该 Agent，在弹出菜单中选择“send message”，在弹出的对话框中双击 Receiver，添加接收 Agent 的 NAME 和 Address。Name：test@Yuwh:1099/JADE；Addresses: http://Yuwh-PC:7778/acc，如图 4-9 所示。

（6）在随后出现的 ACL Message 对话窗口中输入要发送的消息内容：I am glad to know you。单击“OK”按钮后发送，在接收 Agent 的机器上会显示收到的消息内容，如图 4-10 所示。

当然，接收 Agent 需要编写代码显示收到的消息内容。代码略。

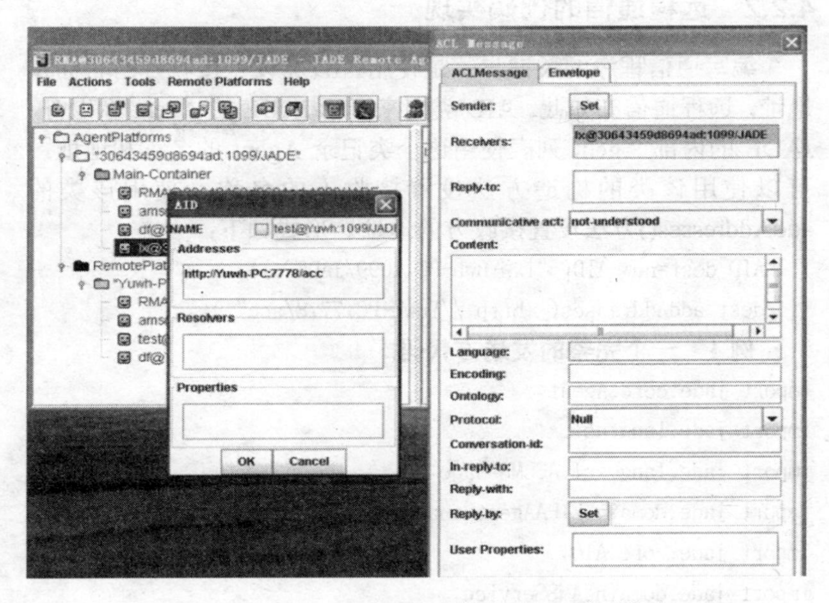

图 4-9　发送 Agent 向远程的接收 Agent 发送信息

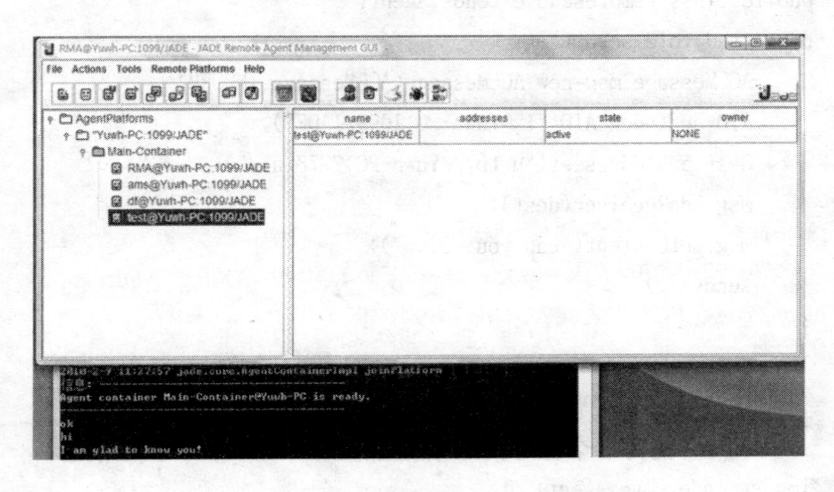

图 4-10　远程机器上的 Agent 间通信成功

4.2.2 远程通信的代码实现

编写通信程序的关键步骤是使用AID类设置接收方的名称和地址，远程通信亦如此。AID类用来表示JADE的Agent标识符，JADE的内部Agent列表使用这个类记录Agent的名称和地址。可以使用该类的构造方法设置接收方的名称，使用该类的addAddresses()方法设置接收方的地址。形式如下：

```
AID dest=new AID( “lx@Yuwh-PC:1099/JADE” );
dest.addAddresses( “http://Yuwh-PC:7778/acc” );
```

例1　一个完整的发送方代码

```
import jade.core.Agent;
import jade.lang.acl.*;
import jade.lang.acl.ACLMessage;
import jade.domain.FIPAAgentManagement.*;
import jade.core.AID;
import jade.domain.AMSService;
public class remotesend extends Agent{
protected void setup(){
    ACLMessage msg=new ACLMessage(ACLMessage.INFORM);
    AID dest=new AID("lx@Yuwh-PC:1099/JADE");
    dest.addAddresses("http://Yuwh-PC:7778/acc");
    msg.addReceiver(dest);
    msg.setContent("can you......");
    send(msg);
}
}
```

接收Agent的代码略。

例2　编写一个程序向远端机器上的所有Agent发送信息

```
import jade.core.Agent;
import jade.core.AID;
```

```
import jade.domain.AMSService;
import jade.domain.FIPAAgentManagement.*;
import jade.lang.acl.*;
import jade.lang.acl.ACLMessage;
public class rmsender extends Agent{
protected void setup(){
long i=1000;
AMSAgentDescription [] agents=null;    //将另一端的所有 agent 存在数组 agents[] 中
AID rams=new AID("ams@Yuwh-PC:1099/JADE");  //设置远程 agent 的 ams, 在远程机器上搜索所有的 Agent
rams.addAddresses("http://Yuwh-PC:7778/acc");
try{
SearchConstraints c=new SearchConstraints();
   c.setMaxResults(i);
  agents=AMSService.search(this,rams,new AMSAgentDescription(),c);
}
catch(Exception e){System.out.println(e.toString());
e.printStackTrace();}
ACLMessage msg=new ACLMessage(ACLMessage.INFORM);
msg.setContent("I am trying");
for (int j=0;j<agents.length;j++){
if(agents[j].getName().equals(getAID())){continue;}
agents[j].getName().addAddresses("http://Yuwh-PC:7778/acc");
msg.addReceiver(agents[j].getName());
System.out.println(agents[j].getName());
}
send(msg);
}
}
```

说明：

（1）**AMSAgentDescription 类**

该类是 JADE.domain.FIPAAgentManagement.AMSAgent Description 包中的一个类，使用该类可获取 AMS 上所有 Agent 的列表，常用的方法是 getName()。

（2）**SearchConstraints 类**

该类是 JADE.domain.FIPAAgentManagement.SearchConstraints 包中的一个类，用来设置搜索的约束条件。如，用 setMaxResults() 设置查询的最大结果集。

（3）**AMSService 类**

该类负责对 agent 中的管理，如使用该类的 search()方法搜索 AMS 中的所有 Agent。

4.3 基于对象序列化机制的 Agent 间的通信

Agent 间发送的消息从形式上说可以分为三类：

（1）原子消息。指以字符串形式发送的简单消息。

（2）Java 对象。在很多情况下，Agent 间发送的消息并非只是简单的数值或字符串。例如发送图书的基本信息，就可以把书名、价钱、作者等属性封装在一个 Book 类中，然后把该图书作为 Book 类的对象，设置各属性值后作为消息发送出去。

（3）Ontology 对象，即本体对象。对于一些复杂应用，用户需要为消息内容定义自己的词汇或语义，即 Ontology。

针对这三种不同的消息内容，ACLMessage 类给出了不同的读写方法，如表 4-3 所列。

表 4-3 消息内容的读写方法

消息内容的类型	读消息内容的方法	写消息内容的方法
字符串	getContent()	SetContent()
Java 对象	getContentObject()	SetContentObject()
Ontology 对象	extractContent()	fillContent()

本节主要讲述如何利用序列化（又称串行化机制）将 Java 对象作为消息内容在 Agent 间发送，使用的是 SetContentObject()方法和 getContentObject()方法。

4.3.1 序列化的基本原理

序列化（object serialization）是 JDK1.1 中已包含的特性。其基本原理是：将对象及其状态转换为字节流，保存在数据库、内存、文件中或在网络上传输，然后在适当的时候再将其状态恢复重构对象，即反序列化。序列化一般用于下列用途：

（1）永久性保存对象。保存对象的字节序列到本地文件中；

（2）在网络或进程间传递对象。

在 Java 中序列化的前提是实现接口 Serializable，java.io.Serializable 接口没有任何方法属性域，实现它的类只是从语义上表明自己是可以序列化的。

序列化的基本原理如图 4-11 所示。

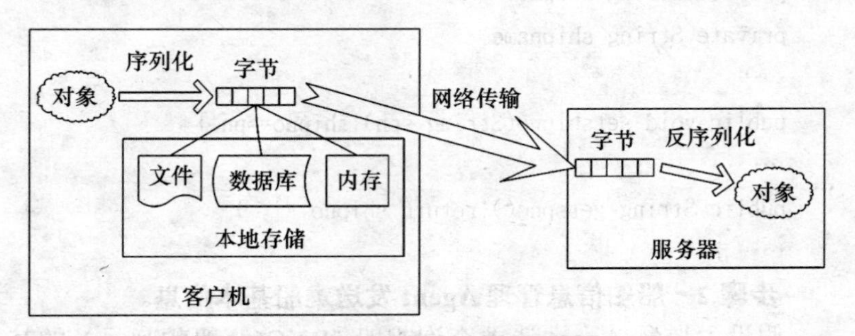

图 4-11 对象序列化的基本原理

对象的序列化机制原理简单，但用途广泛，在网络编程、分布式应用中具有相当重要的地位，在 RMI、Socket、JMS、EJB、JADE 中都有应用。

4.3.2 基于序列化的 JADE Agent 间的通信实例

近年来，作者致力于“基于多 Agent 和数据融合的海上搜救智能决策支持系统”的研究，使用 JADE 平台开发了一些模拟系统。海上搜救智能决策支持系统可以由多个 Agent 组成，各 Agent 间交互所发送的信息除简单字符串外，还可能是 java 对象，如船舶信息管理 Agent 负责对船舶基本信息的增、删、改等功能，其他 Agent 向它提出查询某条难船基本信息的请求，船舶信息管理 Agent 收到查询请求后在数据库里搜索难船信息，得到和难船相关的若干属性值，如船舶名称、船舶呼号、船公司名称等。实现过程中，可以把难船的所有属性作为私有变量封装在 shipinfo 类中，并添加类的存取（set/get）方法，实际通信时将 shipinfo 类的一个实例作为消息内容发送出去，由于在网络或进程间传递的是对象，所以 shipinfo 类必须实现 java.io.Serializable 接口。具体开发步骤如下：

步骤 1　消息内容类 shipinfo 的定义。

```
class shipinfo implements Serializable {
    private String shipno;
    private String shipname;
    ……
    public void setshipno(String spn){shipno=spn;}
    ………
    public String getspno(){return shipno;    }
    …… }
```

步骤 2　船舶信息管理 Agent 发送难船基本信息。

假设主控制 Agent 请求查询难船 5BXC6（船舶呼号）的基本信息，则船舶信息管理 Agent 收到请求后从数据库中得到查询结果，并把结果显示在其图形界面上，然后单击“发送”按钮，把船舶信息作为 shipinfo 类的一个对象发送给主控制 Agent。

船舶信息管理 Agent 是一个继承 jade.core.Agent 类的类，在其启动方法 setup()中编写打开图形界面的代码。代码形式如下

```
public class shipinfoagent extends Agent{
```

```
    public void setup(){
    shipinfogui mygui=new shipinfogui(this);
  ……     }}
```

船舶信息管理 Agent 的图形界面主要用来显示难船的基本信息，在其“发送”按钮的按钮事件中为船舶信息管理 Agent 添加发送信息的行为 Behaviour，并在 Behaviour 的 action()方法中实现难船基本信息的发送。由于难船信息以 Java 对象的形式发送，所以，设置消息内容使用的是 setContentObject（）函数。代码如下

```
public class shipinfogui extends javax.swing.JFrame {
    private shipinfoagent myagent;     //定义启动该图形界面的Agent
    shipinfo myship=new shipinfo();   //定义难船信息类对象
      ……
    private void jButton1ActionPerformed(java.awt.event.
ActionEvent evt) { //在按钮事件中为Agent添加发送消息的行为
          myship.setshipno(this.jTextField1.getText());
          ……
        Behaviour mybeha=new Behaviour(){
            public void action(){
            ACLMessage msg=new ACLMessage(ACLMessage.INFORM);
            msg.addReceiver(new AID("maincontrol",AID.ISLOCALNAME));
            try{msg.setContentObject(myship);}
                     //使用setContentObject () 设置对象为消息内容
            catch(Exception ex){ex.printStackTrace();}
            myagent.send(msg); }
            public boolean done(){return true;}  };
         myagent.addBehaviour(mybeha); }
  ………}
```

船舶信息管理 Agent 的运行界面如图 4-12 所示。

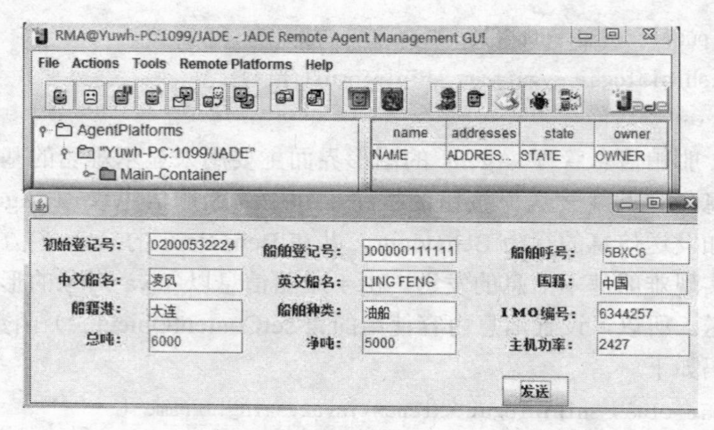

图 4-12 船舶信息管理 Agent 的运行界面

步骤 3 主控制 Agent 接收难船信息。

主控制 Agent 时时监听来自其他 Agent 的消息，程序实现中程序员为主控制 Agent 添加一个循环行为类，在该类的 action() 方法中把难船基本信息作为基于序列化机制的 Java 对象接收下来，使用 getContentObject（）方法读取对象内容，主要代码如下

…………

```
Behaviour myrec=new CyclicBehaviour(){
        public  void action() {
      ACLMessage msg=agentI.receive();
      if(msg==null){block();return;  }
      try{
         Object   recontent=msg.getContentObject();// 使 用
getContentObject()方法读消息
         if(recontent instanceof  shipinfo ){
         shipinfo mydata=(shipinfo)recontent;
      ……………//此处可添加显示消息内容的代码          } }
       catch (Exception ex) { ex.printStackTrace(); } }
```

…………

运行时，主控制 Agent（maincontrol）向船舶信息管理 Agent（shipinfoagent）发出查询请求，使用 request 原语；船舶信息管理 Agent 接收查询请求后将查询结果以 Java 对象的形式发送给主控制 Agent，使用 inform 原语。在 JADE 平台下，可用 sniffer Agent 这一工具跟踪主控制 Agent 与船舶信息管理 Agent 间的信息交互，对上述过程的实时跟踪结果如图 4-13 所示，说明整个通信过程顺利实现。

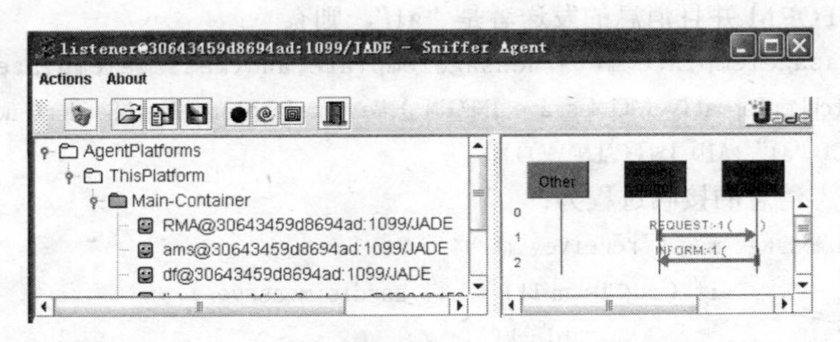

图 4-13　主控制 Agent 与船舶信息管理 Agent 的信息交互

4.4 消息模板

4.4.1 基本原理

在以往的例子中，我们都是使用一个 Behaviour 类处理发送给 Agent 的所有消息。但很多情况下，我们可能需要对消息进行过滤，并创建不同的 Behaviour 分别处理来自不同 Agent 的不同种类的消息。

为了实现这一点，JADE 提供了消息模板 MessageTemplate 类和接收方法，该接收方法将消息模板作为参数，并且只返回与消息模板匹配的消息。

MessageTemplate 类利用 MessageTemplate 可以针对 ACLMessage 的每个属性设置模式，以达到过滤消息的目的。为了可以构建更复杂的匹配规则，多个模式也可以进行 and，or，not 运算。最有用的一些规则或方法包括：通信行为匹配、发送者匹配、会话 ID 匹配。例如，MatchPerformative(performative) 是通信行为的匹配，这里 performative 可能是：ACLMessage.INFORM、ACLMessage.PROPOSE 或 ACLMessage.AGREE 等，还有发送者匹配 MatchSender(AID)、会话匹配 MatchConversationID(String)、通信协议匹配 MatchProtocol(String)、本体匹配 MatchOntology(String)等。

例如，建立一个消息模板，消息匹配规则为：消息原语是 INFORM 并且消息的发送者是“a1”，则有

```
MessageTemplate mt = MessageTemplate.and(MessageTemplate.
MatchPerformative(ACLMessage.INFORM ),MessageTemplate.MatchSender( new
AID( “a1” ,AID.ISLOCALNAME)));
```

消息的接收过程为：

```
ACLMessage msg = receive( mt );
            if (msg != null) { ... handle message }
                  block();
```

4.4.2 消息模板示例

本例程包含两个 Agent 类：Template.class 和 Responder.class。程序运行时，启动两个 Responder 类的实例 Agent，分别命名为 A1 和 A2；同时也要启动一个 Template 类的实例 Agent，命名为 T1，如图 4-14 所示。

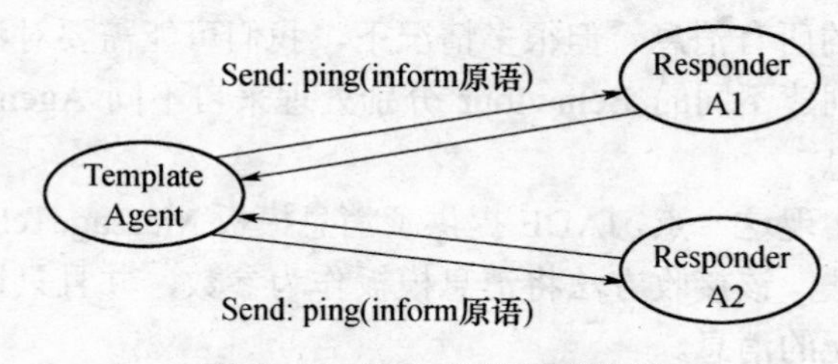

图 4-14 Agent 间的消息发送

首先，T1 向 A1 和 A2 发送 INFORM 消息，消息内容为“ping”，测试是否能与这个两个 Agent 连通。A1 和 A2 收到来自 T1 的

“ping”消息后，创建并向 T1 发送回复消息，它们都会向 T1 发送两条具有不同原语的消息，T1 利用消息模板过滤掉其他消息，只接收来自 A1 并具有 Propose 原语的消息。

Template Agent 的完整程序为

```
import jade.core.Agent;
import jade.core.AID;
import jade.core.behaviours.*;
import jade.lang.acl.*;
public class Template extends Agent {
    MessageTemplate mt1 =
            MessageTemplate.and(
            MessageTemplate.MatchPerformative(ACLMessage.PROPOSE),
            MessageTemplate.MatchSender(new AID("a1", AID.ISLOCALNAME)));
   protected void setup() {
       // Send messages to "a1" and "a2"
       ACLMessage msg = new ACLMessage(ACLMessage.INFORM);
       msg.setContent("Ping");
       for (int i = 1; i <= 2; i++) {
           msg.addReceiver(new AID("a" + i, AID.ISLOCALNAME));
       }
       send(msg);
       // Set-up Behaviour 1
       addBehaviour(new CyclicBehaviour(this) {

           public void action() {
               System.out.print("The message: ");
               ACLMessage msg = receive(mt1);
               if (msg != null) {
                   System.out.println("gets "
                           + msg.getPerformative() + " from "
```

```
                        + msg.getSender().getLocalName() + "="
                        + msg.getContent());
                } else {
                    System.out.println("gets NULL");
                }
                block();
            }
        });
        // Set-up Behaviour 2*/
/*addBehaviour(new CyclicBehaviour(this)
        {
        public void action()
        {
        System.out.print("Behaviour TWO: ");
        ACLMessage msg= receive();
        if (msg!=null)
         System.out.println( "gets "
        +  msg.getPerformative() + " from "
        +  msg.getSender().getLocalName() + "="
        +  msg.getContent() );
        else
        System.out.println( "gets NULL" );
        block();
        }
        });*/
    }
}
```

上述程序实现了使用消息模板过滤消息的过程，同时为了比较，也给出了接收全部消息的代码。

Responder Agent 的程序代码为

```
import jade.core.Agent;
import jade.core.behaviours.*;
import jade.lang.acl.*;
public class Responder extends Agent {
    @Override
    protected void setup() {
        addBehaviour(new CyclicBehaviour(this) {
            public void action() {

                    ACLMessage msg = receive();
                if (msg != null) {
                    ACLMessage reply = msg.createReply();
                    reply.setPerformative(ACLMessage.INFORM);
                    reply.setContent(" Yes,I am here.");
                    send(reply);
                    reply.setPerformative(ACLMessage.PROPOSE);
                    String msgcontent = "Tell me your opinion about
" + reply.getSender().getLocalName();
                    reply.setContent(msgcontent);
                    send(reply);
                }
                block();
            }
        });
    }
}
```

程序运行时，在命令提示符下输入：

```
java jade.Boot -gui a1:Responder;a2:Responder;t1:Template
```

则运行结果如图 4-15 和图 4-16 所示。

```
Microsoft Windows [版本 6.1.7600]
版权所有 (c) 2009 Microsoft Corporation。保留所有权利。

C:\Users\yuwh>java jade.Boot -gui a1:Responder;a2:Responder;t1:Template
2011-5-2 16:44:31 jade.core.Runtime beginContainer
INFO: ---------------------------------
    ……………..                          } 运行时的系统说明信息，略。
----------------------------------------
The message: gets NULL                  } 运行结果：有选择
The message: gets NULL                  } 地输出消息
The message: gets 11 from a1=Tell me your opinion about a1
```

图 4-15　命令提示符下的程序运行结果

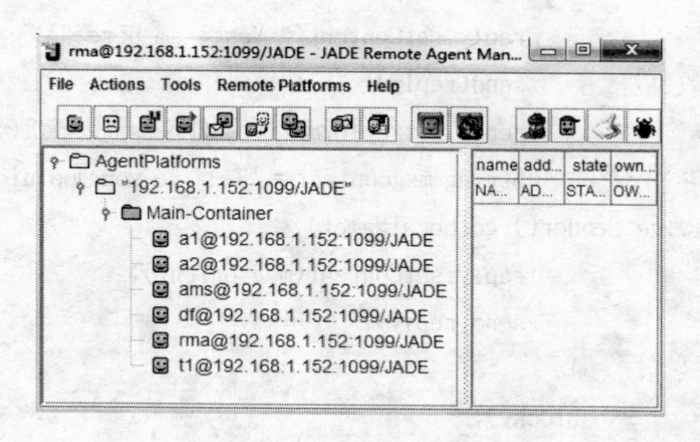

图 4-16　运行中的 Agent

第5章　JADE Agent 与 JSP/Servlet

5.1　传统的 Model 1 与 Model 2 架构

5.1.1　基本原理

基于 Java 的动态 web 编程技术经历了 Model 1 和 Model 2 两个时代。所谓 Model 1 就是 JSP 大行其道的时代，在 Model 1 模式下，整个 Web 应用几乎全部由 JSP 页面组成，JSP 页面接收处理客户端请求，对请求处理后直接做出响应。用少量的 JavaBean 来处理数据库连接、数据库访问等操作。

Model 1 模式的实现比较简单，适用于快速开发小规模项目。但从工程化的角度看，他的局限性非常明显，如图 5-1 所示，在 Model1 模式下，JSP 页面身兼 View 和 Controller 两种角色，将控制逻辑和表现逻辑混杂在一起，从而导致代码的重用性非常低，增加了应用扩展性的难度和维护的难度。早期有大量 ASP 和 JSP 技术开发出来的 Web 应用，这些 Web 应用都采用了 Model 1 架构。

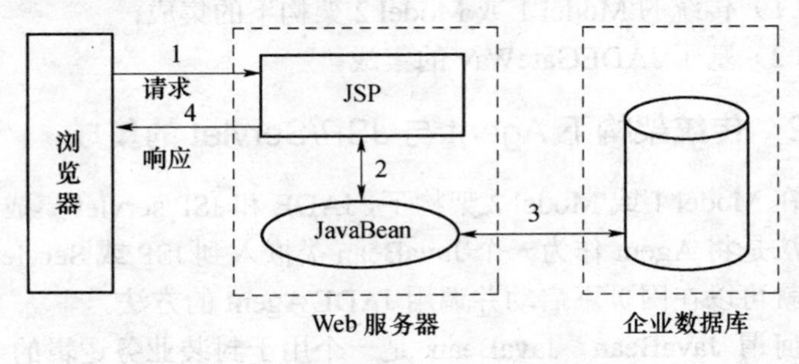

图 5-1　Model 1 模式的程序流程

Model 2 已经是基于 MVC 架构的设计模式。在 Model 2 架构中，Servlet（控制器）作为前端控制器，负责接收客户端发送的请求，在 Servlet 中只包含控制逻辑和简单的前端处理；然后，调用后端 JavaBean 来完成实际的逻辑处理；最后，转发到相应的 JSP 页面处理显示逻辑。其具体的实现方式如图 5-2 所示。

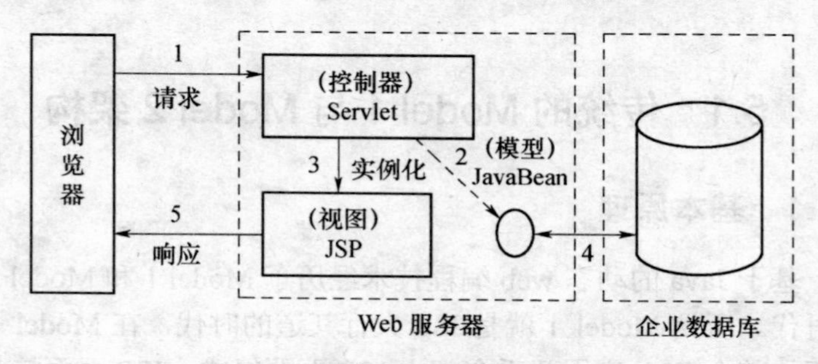

图 5-2 Model 2 模式的程序流程

在 Model 2 下 JSP 不再承担控制器的责任，它仅仅担当表现层的角色，用于将结果呈现给用户，JSP 页面的请求与 Servlet 交互，而 Servlet 负责与后台的 JavaBean 通信。在 Model 2 模式下，模型（Model）由 JavaBean 充当，视图（View）由 JSP 页面充当，而控制器（Controller）则由 Servlet 充当。

本节介绍 JADE Agent 与 JSP/Servlet 的集成，主要包括两方面内容：

（1）传统的 Model 1 或 Model 2 架构下的集成；

（2）基于 JADEGateWay 的集成。

5.1.2 传统架构下 Agent 与 JSP/Servlet 的集成

在 Model 1 或 Model 2 架构下，JADE 和 JSP/servlet 集成的传统方法是将 Agent 作为一个 JavaBean 类嵌入到 JSP 或 Servlet 中，这样就可以在网页下启动并调用 JADE Agent 的方法。

何谓 JavaBean？JavaBean 是一个用于封装业务逻辑的 Java 类，在程序开发时它应具有如下特征：

（1）JavaBean 类必须有一个无参的构造函数。此构造函数在使用<jsp:useBean>实例化 JavaBean 时调用。

（2）JavaBean 内的属性都应定义为私有。

（3）属性值通过 set 和 get 进行存取。

下面给出一个简单的开发实例。

1. 以 JavaBean 的形式编写一个 JADE Agent

在 NetBeans 环境下，新建一个“Java Web”项目 JADEandJSP，在该项目节点下创建一个 Agent，并具有 JavaBean 的特征，其类名为：JspAgent，包名为：my.web。

```
package my.web;
import jade.core.Agent;
public class JspAgent extends Agent {
    private String Mystr; //私有变量
        public String getMystr() { return Mystr;  }//get 方法
        public void setMystr(String Mystr) { this.Mystr = Mystr; }
//set 方法
    @Override
    protected void setup() {     }
    public JspAgent() {     }//无参构造函数
}
```

2. 在 index.jsp 文件中调用 Agent

上述 Agent 文件编译成功后即可在 index.jsp 中调用。打开项目 JADEandJSP Web 页节点下的 index.jsp，修改其源代码，在其中加入下列语句：

（1）使用 import 语句导入运行 JADE 所需要的包文件；

（2）使用 jade.Boot.main(args)语句启动 JADE；

（3）将 JspAgent 类作为一个 JavaBean 在 index.jsp 中使用；

（4）使用 createAgentContainer 语句在 JVM 中创建一个新的 Agent 容器；

（5）使用 createNewAgent 语句将 Agent 加入到新创建的容器中；

（6）调用 JADE Agent 类中的方法。

修改后完整的 index.jsp 代码为：

```
<%@page contentType="text/html" pageEncoding="UTF-8"%>
<%@ page import="jade.core.*" %>
<%@ page import="javax.naming.InitialContext" %>
<%@ page import="jade.wrapper.AgentContainer" %>
<%@ page import="jade.core.Profile" %>
<%@ page import="jade.core.ProfileImpl" %>
<%@ page import="jade.wrapper.AgentController" %>
<%@ page import="my.web.JspAgent" %>
<!DOCTYPE HTML PUBLIC "-//W3C//DTD HTML 4.01 Transitional//EN"
    "http://www.w3.org/TR/html4/loose.dtd">
<html>
    <head>
        <meta http-equiv="Content-Type" content="text/html; charset=
UTF-8">
        <title>JSP Page</title>
    </head>
    <body>
        <%
                try {
                    String[] args = {"-gui"};
                    jade.Boot.main(args);
                } catch (Exception ex) {
                    out.println(ex);
                }
        %>
        <jsp:useBean id="yuwh" class="my.web.JspAgent">
            <%
                    try {
```

```
                    jade.core.Runtime rt;
                    AgentContainer ac;
                    rt = jade.core.Runtime.instance();
                    Profile p = new ProfileImpl(false);
                    ac = rt.createAgentContainer(p);
                    Object reference = new Object();
                    Object[] args = new Object[1];
                    args[0] = reference;
                    ac.createNewAgent("yuwhAgent",
"my.web.JspAgent", args);
AgentController cont = ac.getAgent("yuwhAgent");
                    cont.start();
                } catch (Exception ex) {
out.println(ex);
                }
        %>
<% yuwh.setMystr("I am trying Jade and JSP");%>
        <%=yuwh.getMystr()%>
    </jsp:useBean>
  </body>
</html>
```

3. 运行

右键单击项目 JADEandJSP 下的 index.jsp 文件，在弹出的菜单中选择“运行文件”。Index.jsp 文件经编译、部署后运行结果如图 5-3 所示。

从结果可以看出，运行 JSP 网页文件后，JADE 平台被启动并自动创建了一个容器，在该容器下运行了 JspAgent 类的实例 Agent，即 yuwhAgent。而且网页文件通过调用 JspAgent 类的 set 和 get 方法输出了指定的字符串。

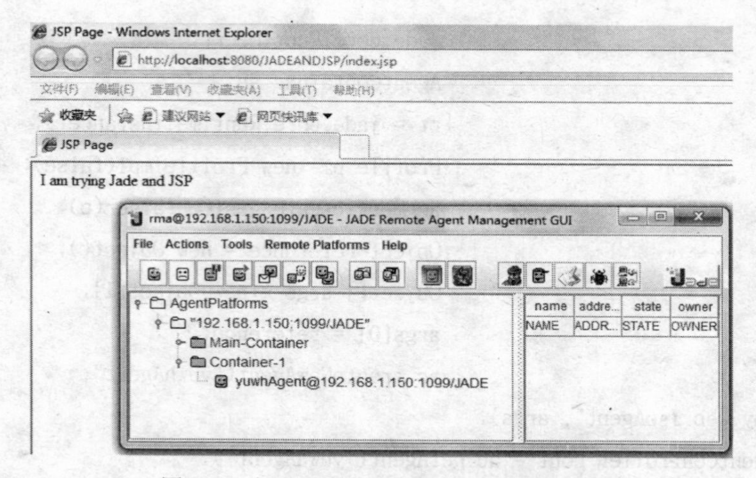

图 5-3 在 JSP/Servlet 下创建并调用 Agent

5.2 基于 JADEGateWay 的 Agent 与 JSP/Servlet 的集成

5.2.1 JADEGateway 原理与作用

5.1 节中的例子实现了在 JSP 网页下启动 JADE 平台并将 JADE Agent 作为 JavaBean 进行调用的方法，但却无法实现 Agent 与网页的进一步通信，比如无法实现从 Web 应用中传递一个值给 Agent，由 Agent 使用或发送给其他 Agent。

JADE Agent 与 Web 应用是两种不同的工作机制，要想实现它们之间的无缝集成，可以考虑使用中间件技术，如图 5-4 所示。

JADE 平台提供的 JADEGateway 类就是这样的中间件，它为基于 JADE 的多 Agent 系统与非 JADE 代码之间进行通信提供了强有力的桥梁作用，尤其适用于 JSP 或 Servlet 中。

JADEGateway 类包含了一个内部 JADE Agent，即 GatewayAgent，该 Agent 作为基于 JADE 的系统的入口点，它的激活与终止完全由 JADEGateway 管理，开发者不需要关注它（不

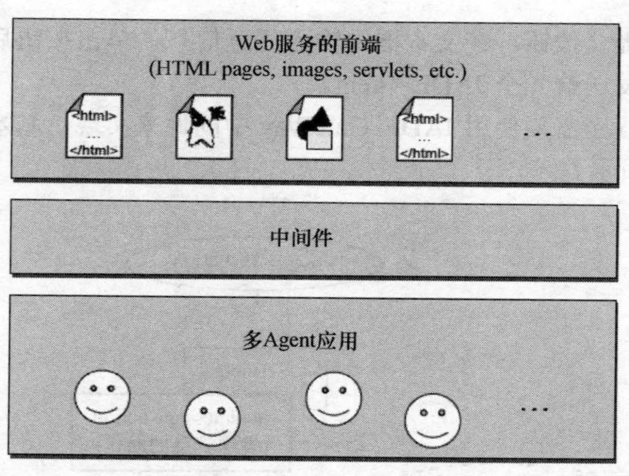

图 5-4 基于中间件的 Agent 与 Web 应用的无缝集成

必为它编写代码）。使用 JADEGateway 时要创建一个适当的 Behaviour 用于执行命令，命令是由外部系统向基于 JADE 的多 Agent 系统发出的，发出命令的方式是将命令作为 execute()方法的参数。execute()是 JADEGateway 的一个静态方法。

开发时可以创建一个继承 GatewayAgent 类的子类负责处理所有的命令请求，并重新定义它的 processCommand()方法。通过调用 JADEGateway 的静态方法 init()来对 JADEGateway 进行初始化，即指定一个用做 Gateway 的 Agent，init()方法的参数即是该子类的名称，指定其作为 GateWay。例如：JADEGateway.init (“solarforce.agent.MyGateWayAgent”,null);其中指定 solarforce.agent 包中的 MyGateWayAgent 作为起到桥梁作用的 Gateway，它是 GatewayAgent 的一个子类。为了请求命令的处理，必须调用 JADEGateway.execute(Object command) 方法，将需要处理的命令传递给继承 GatewayAgent 类的子类的 processCommand()方法。

5.2.2 一个完整的实例

1. 开发思路

本例中，我们要编写一个 JSP 网页，该网页包含一个文本框和一个提交按钮，在文本框中输入任意信息，单击按钮后将输入的信息发送给一个 JADE Agent。

该程序需要使用 JADE GateWay 中间件来实现，基本思路如图 5-5 所示。

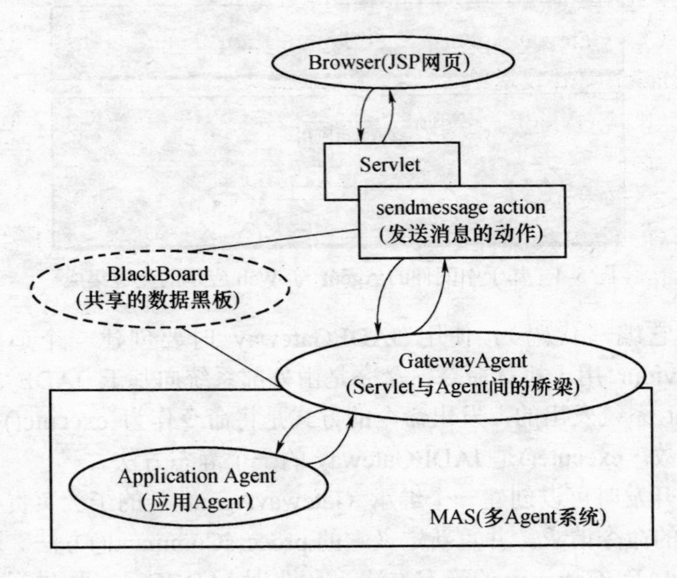

图 5-5　示例程序的开发思路

其中：

（1）Browser：运行在客户端，是用 JSP 编写的网页。用户在网页下触发一个事件，比如单击按钮，将产生一个 POST 消息传递给 Servlet。

（2）Servlet：运行在服务器上，处理来自网页的 POST 消息并调用 sendmessage 动作。

（3）sendmessage action：由 Servlet 调用，创建一个 BlackBoard 对象并设置其属性值（通信的接收方、通信内容等）。

（4）BlackBoard：在 Servlet 的 sendmessage action 中创建其对象作为 GatewayAgent 与 Servlet 之间的通信通道。

（5）GatewayAgent：读取 BlackBoard 对象，提取消息的接收者和消息内容，然后把消息发送给接收 Agent。

（6）Application Agent：一个面向用户应用的 JADE Agent，接收来自网页的消息，并作出回复。（来自网页的消息经由 GatewayAgent 发送给 Application Agent。）

（7）GatewayAgent：收集 Application Agent 的回复信息，经由 BlackBoard 发送给 Servlet。

（8）Servlet：将 Agent 的回复信息转发给 JSP 网页，在浏览器上显示。

2. 开发步骤

在 NetBeans 下新建一个 Java Web 项目，项目名称为 usegateway。项目文件的层次结构如图 5-6 所示。

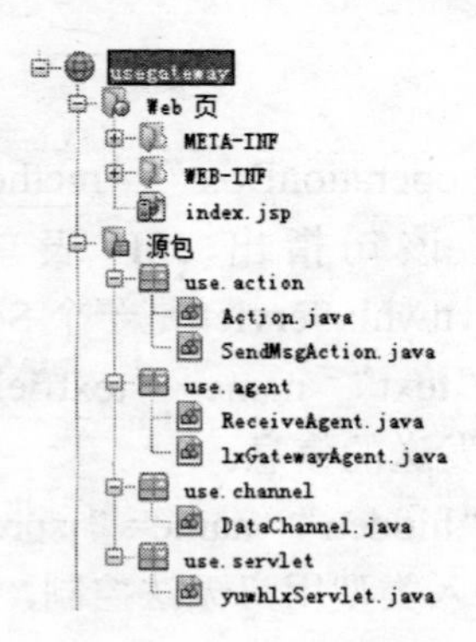

图 5-6　项目文件的层次结构

下面，将按照图 5-5 从上到下的顺序详细讲述各个环节的开发过程。

（1）编写 Browser 端 index.jsp

修改“web 页”节点下的 index.jsp 文件，在其中添加用于输入消息的文本框和一个提交按钮，完整代码如下

```
<html>
  <head>
```

```
        <meta http-equiv="Content-Type" content="text/html; charset=
UTF-8">
        <title>JSP Page</title>
    </head>
    <body id="page">
        I want to
        <form id="operationBox" method="get" action="yuwhlxServlet">
                <input type="text" name="textfield1" />
            <input type="hidden" name="jsprequestaction" value=
"sendmsg"/>
            <input type="submit" value="send this message"/></form>
    </body>
</html>
```

注释：

① <form id=“operationBox” method=“get” action=“yuwhlxServlet”> 该句指出 JSP 表单的提交请求将由 yuwhlxServlet 执行，yuwhlxServlet 是一个 Servlet 类。

② <input type=“text” name=“textfield1” /> 该句产生一个文本框用于输入要发送的信息。

③ <input type=“hidden” name=“jsprequestaction” value=“sendmsg”/>这种输入类型用户无法控制，但是却在提交表单时发送 value 属性的值。INPUT type=hidden 元素不会显示在文档里，所以用户也无法操作该元素。该元素通常用来传输一些客户端到服务器的状态信息。

（2）编写用于处理表单请求的 Servlet

右键单击项目节点，选择新建“Servlet.....”，输入类名 yuwhlxServlet，包名 use.servlet，这时很多代码会自动生成，只需要对部分代码进行修改或补充：

① 在 Servlet 的 init()方法中对 JADEGateway 进行初始化，指出哪一个 Agent 充当 Gateway。

②在 servlet 的 init()方法中使用语句 actions.put(“sendmsg”,new SendMsgAction())，其作用是将名称为“sendmsg”，值为 new SendMsgAction()的内容加入到 actions 的队列中，其中“sendmsg”来自 jsp 页面的<input type=“hidden” name=“jsprequestaction” value=“sendmsg” />语句。

```
package use.servlet;
import jade.core.Profile;
import jade.core.ProfileImpl;
import jade.core.Runtime;
import jade.wrapper.AgentController;
import jade.wrapper.ContainerController;
import jade.wrapper.gateway.JadeGateway;
import java.io.IOException;
import java.io.PrintWriter;
import javax.servlet.ServletException;
import javax.servlet.http.HttpServlet;
import javax.servlet.http.HttpServletRequest;
import javax.servlet.http.HttpServletResponse;
import javax.servlet.http.HttpSession;
import use.action.*;
import use.channel.*;
import java.util.*;
public class yuwhlxServlet extends HttpServlet {
Hashtable  actions=null;
protected void processRequest(HttpServletRequest request,
HttpServletResponse response)
    throws ServletException, IOException {
        response.setContentType("text/html;charset=UTF-8");
        PrintWriter out = response.getWriter();
        try {
```

```
            out.println("<html>");
            out.println("<head>");
            out.println("<title>Servlet yuwhlxServlet</title>");
out.println("</head>");
            out.println("<body>");
              out.println("<h1>Servlet  yuwhlxServlet  at  " +
request.getContextPath () + "</h1>");
            out.println("</body>");
            out.println("</html>");
                    } finally {

out.close();
        }
    }

    @Override
    protected void doGet(HttpServletRequest request, HttpServlet
Response response)
    throws ServletException, IOException {
       // processRequest(request, response);
        doPost(request,response);
    }
     @Override
    protected void doPost(HttpServletRequest request, HttpServlet
Response response)
    throws ServletException, IOException {
        String actionname=request.getParameter
("jsprequestaction");
        Action xaction=(Action)actions.get(actionname);
        xaction.perform(this, request, response);
```

重要代码

```
    }
      @Override
    public String getServletInfo() {
        return "Short description";
    }
    @Override
    public void init() throws ServletException {
      actions=new Hashtable();
      actions.put("sendmsg",new SendMsgAction());      }重要代码
      JadeGateway.init("use.agent.lxGatewayAgent",null);
    }
}
```

（3）编写 Servlet 所执行的 action

① 定义一个接口

```
package use.action;
import java.io.*;
import javax.servlet.*;
import javax.servlet.http.*;
public interface Action {
 public void perform(HttpServlet servlet, HttpServletRequest request,
HttpServletResponse response)
   throws IOException, ServletException;
}
```

② 定义一个接口实现类

```
import jade.wrapper.gateway.JadeGateway;
import java.io.IOException;
import javax.servlet.ServletException;
import javax.servlet.http.HttpServlet;
import javax.servlet.http.HttpServletRequest;
import javax.servlet.http.HttpServletResponse;
```

```
import use.channel.*;
public class SendMsgAction implements use.action.Action {
    public void perform(HttpServlet servlet, HttpServletRequest
request, HttpServletResponse response) throws IOException, Servlet
Exception {
        //throw new UnsupportedOperationException("Not supported
yet.");
        DataChannel data1=new DataChannel();
        data1.setReceiver("tired");
       // data1.setMessg("This is my example");
        data1.setMessg(request.getParameter("textfield1"));
        try {
   JadeGateway.execute(data1);
  } catch(Exception e) { e.printStackTrace(); }
    }
}
```

注释：

DataChannel data1=new DataChannel();

在这条语句中 DataChannel 是 Gatewayagent 与 Servlet 之间的通信通道，相当于一个黑板模型。下一步就要编写这个黑板模型。

（4）编写 Gatewayagent 与 Servlet 之间的通信通道

这个类实质上就是一个数据 bean，对要发送的消息内容及消息的接收者进行设置。

```
package use.channel;
public class DataChannel implements java.io.Serializable {
   private String messg;
   private String receiver;
   public String getReceiver() {   return receiver;  }
    public void setReceiver(String receiver) { this.receiver =
receiver;    }
```

```
public String getMessg() { return messg;    }
 public  void  setMessg(String  messg)  {    this.messg  =
messg;    }
public DataChannel() { }
}
```

（5）编写 GatewayAgent：lxGatewayAgent

这个类是 JADE.wrapper.gateway.GatewayAgent 的一个实例，在 JADE Agent 与网页文件之间起中间件的作用，将从 Servlet 中传入的信息发送给 Agent。

```
import jade.core.AID;
import jade.core.behaviours.OneShotBehaviour;
import jade.core.behaviours.CyclicBehaviour;
import jade.lang.acl.ACLMessage;
import jade.wrapper.gateway.*;
import use.channel.DataChannel;
public class lxGatewayAgent extends jade.wrapper.gateway.GatewayAgent {
    DataChannel mychannel=null;
    @Override
    protected void processCommand(Object command) {
        if (command instanceof DataChannel){
        mychannel=(DataChannel)command;
        addBehaviour(new OneShotBehaviour(this) {
    public void action() {
     ACLMessage msg = new ACLMessage(ACLMessage.REQUEST);
     msg.addReceiver(new AID( mychannel.getReceiver(), AID.ISLOCALNAME) );
     msg.setContent(mychannel.getMessg());
     myAgent.send(msg);
    } }); } }
    @Override
```

```
protected void setup() {
    super.setup();     }}
```

（6）编写接收 Agent

编写一个 Agent，它接收并输出网页发来的消息。

```
package use.agent;
import jade.core.Agent;
import jade.core.behaviours.*;
import jade.lang.acl.*;
import jade.domain.DFService;
import jade.domain.FIPAAgentManagement.*;
import jade.domain.FIPAException;
public class ReceiveAgent extends Agent
{
 protected void setup()
 {
  addBehaviour(new CyclicBehaviour(this)
  {
   public void action()
   {
    ACLMessage msg = receive();
    String content= "";
if (msg!=null) {
          System.out.println(msg.getContent());
      }
   block();
   } }); }
  protected void takeDown()
    {
    try { DFService.deregister(this); }
```

```
catch (Exception e) {}
}}
```

（7）运行

在命令提示符窗口下，键入：java jade.Boot -gui tired:use.agent.ReceiveAgent，运行。然后再运行 index.jsp，在文本框中输入要发送的内容，单击按钮“send this message”即可实现消息的发送。如图 5-7 所示。

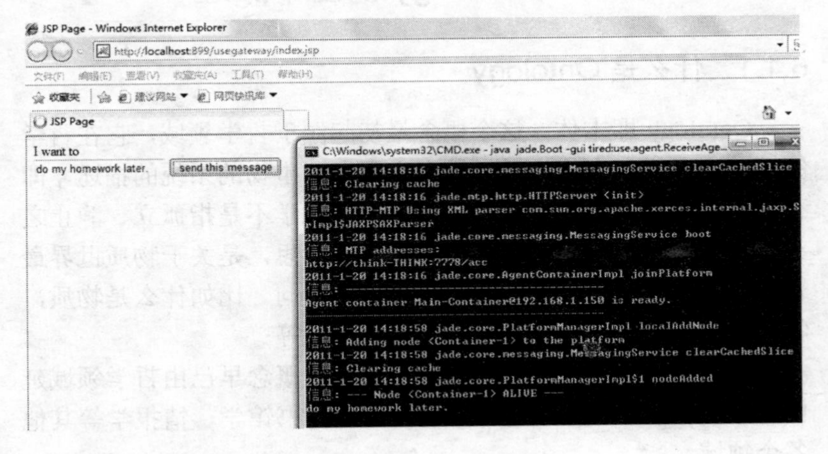

图 5-7　程序的运行结果

第6章　JADE Agent 与 Ontology

6.1　Ontology 的基本原理

6.1.1　什么是 Ontology

Ontology 即本体，这个概念最初起源于哲学领域，它在哲学领域的定义为：本体是对世界上客观存在事物的系统的描述，即存在论，也就是最形而上的知识。形而上学不是指孤立、静止之类的意思，而是指超越具体形态的抽象意思，是关于物质世界最普遍的、最一般的、最不具体的规律的学问。比如什么是物质，物质世界的图景、物质与意识的关系，等等。

在信息技术飞速发展的今天，本体的概念早已由哲学领域延伸到人工智能、信息系统、知识系统、图书馆学、情报学等其他各个领域。

在人工智能界，最早给出 Ontology 定义的是 Neches 等人，他们将 Ontology 定义为“给出构成相关领域词汇的基本术语和关系，以及利用这些术语和关系构成的规定这些词汇外延的规则的定义”。Neches 认为：“本体定义了组成主题领域的词汇表的基本术语及其关系，以及结合这些术语和关系来定义词汇表外延的规则。”

在计算机科学与信息科学领域，理论上，本体是指一种“形式化的，对于共享概念体系的明确而又详细的说明”。本体提供的是一种共享词表，也就是特定领域之中那些存在着的对象类型或概念及其属性和相互关系；或者说，本体就是一种特殊类型的术语集，具有结构化的特点，且更加适合于在计算机系统之中使用；

或者说，本体实际上就是对特定领域之中某套概念及其相互之间关系的形式化表达。有时人们也会将“本体”称为“本体论”。

构建 Ontology 的主要目标包括：

（1）捕获相关的领域的知识；

（2）提供对该领域的知识的共同的理解；

（3）确定该领域内共同认可的词汇；

（4）从不同层次的形式化模式上给出这些词汇（术语）和词汇之间相互关系的明确定义。

6.1.2 Ontology 的分类

Guarino 提出了从详细程度与领域依赖度两个方面对 Ontology 进行划分。详细程度是一个相对的、比较模糊的概念，指描述或刻画建模对象的程度。详细程度高的称作参考（reference）Ontologies，详细程度低的称为共享（share）Ontologies。

依照领域依赖程度，可以将 Ontology 细分为顶层 Ontology、领域 Ontology、任务 Ontology 和应用 Ontology 四类。

顶层 Ontologies 又称上层本体或通用本体，描述的是最普遍的概念及概念之间的关系，如空间、时间、事件、行为等等，与具体的应用无关，其他种类的 Ontologies 都是该类 Ontologies 的特例。在这类本体中，被定义的知识可以跨学科应用，这些知识还包括与事物、事件、时间、空间和地区等相关的词汇表。顶层本体能处理物理对象的时间-物质属性，如整体-部分（part-of）关系、适当的交迭、内置的部分等。

领域 Ontologies 是专业性的本体，描述的是某个特定领域中的概念及概念之间的关系。这类本体描述的词表，关系到某一学科领域，如飞机制造、化学元素周期表等。它们提供了关于某个学科领域中概念的词表以及概念之间的关系，或者该学科领域的重要理论。例如，Plinius Ontology 是关于陶瓷物质化学成分的本体，而 Chemical-Elements（化学元素）是关于化学元素周期表的本体。

任务 Ontologies 描述的是特定任务或行为中的概念及概念之间的关系。任务本体与解决问题的方法相关，在问题判断过程中，任务本体的术语必然包括“观测（Observation）”、“假设（Hypothesis）”和“目标（Goal）”等。

应用 Ontologies 描述的是依赖于特定领域和任务的概念及概念之间的关系。一个应用本体与解决问题的方法相关联，也与用来描述专业领域的概念相关联，这些概念是解决问题的方法体系的组成部分。应用本体明确表示出在特定的解决问题的方法体系中，专业领域的概念所起的作用。

6.1.3 Ontology 的构成

可以把本体看作是对现实世界的描述：

（1）世界存在对象（Object）；

（2）对象可以抽象出类（Class）；

（3）对象具有属性（Property/Attribute）属性可以赋值（Value）；

（4）对象之间存在着不同的关系（Relation）；

（5）对象可以分解成部分（Part）；

（6）对象具有不同的状态（State）；

（7）属性和关系随着时间推移而改变；

（8）不同时刻会有不同的事件（Event）发生；

（9）事件能导致其他事件发生或状态改变；

（10）在一定的时间段上存在着过程（Process），对象则参与到过程之中。

就现有的各种本体而言，无论其在表达上采用何种语言，在结构上都具有许多的相似性。大多数本体描述的都是个体（实例）、类（概念）、属性以及关系，如：动物和植物就是不同本体。常见的本体构成要素包括：

（1）个体（实例）：基础的或者说“底层的”对象。

（2）类：集合（sets）、概念、对象类型或者说事物的种类。

（3）属性：对象（和类）所可能具有的属性、特征、特性、特点和参数。

（4）关系：类与个体之间的彼此关联所可能具有的方式。

（5）函式术语：在声明语句当中，可用来代替具体术语的特定关系所构成的复杂结构。

（6）约束（限制）：采取形式化方式所声明的，关于接受某项断言作为输入而必须成立的情况的描述。

（7）规则：用于描述可以依据特定形式的某项断言所能够得出的逻辑推论的 if-then（前因－后果）式语句形式的声明。

（8）公理：采取特定逻辑形式的断言（包括规则在内）所共同构成的就是其本体在相应应用领域当中所描述的整个理论。这种定义有别于产生式语法和形式逻辑当中所说的“公理”。在这些学科当中，公理之中仅仅包括那些被断言为先验知识的声明。就这里的用法而言，“公理”之中还包括依据公理型声明所推导得出的理论。

（9）事件（哲学）：属性或关系的变化。

下面的公式或许有助于读者对本体构成的理解：

（1）本体=概念+属性+公理+取值+名义

（2）本体=概念类+关系+函数+公理+实例

（3）词汇+结构=分类

（4）分类+关系+约束+规则=本体

（5）本体+实例=知识库

6.2 基于 Ontology 的 Agent 间的通信

如前文所述，Agent 间通信的内容可以是简单的原子信息，如字符串等，也可以是由若干原子信息组成的一个对象信息，不同的消息内容处理的方法不同。例如，如果消息的内容是一个完整的对象，则需要使用对象的序列化机制，这在第 4 章已经详细介绍过。

除此之外，在某些情况下，我们还可以为 Agent 间所交换的信息内容定义自己的词汇和语义。这就意味着需要定义一个 Ontology。用于 Agent 间通信的 Ontology 主要是应用本体，此类本体由两部分组成：描述概念、术语等的词汇表；词汇表中各元素之间的关系，包括结构上的关系和语义关系。例如：

（1）结构上的关系：谓词 fatherOf 由两个参数描述（父亲、孩子列表）。因为，我们需要知道谁是谁的父亲。如，fatherOf（John,（Mary,Lisa））表示 John 是 Mary 和 Lisa 的父亲。

（2）语义关系：如果一个概念隶属于 Man 类，那么它也是 Person 类的概念。

本体（Ontology）在 Agent 通信中主要用于下列几种情况：

（1）Agent A 请求 Agent B 执行某项特殊的任务。

在这种情况下，根据 FIPA 规范，Agent A 向 Agent B 发送的消息内容必须是一个动作元组（action tuple），该元组包含了被请求执行动作的 Agent 的标识符以及表示任务的描述符。在 JADE 中，任务由一个 Java 对象来定义，该对象需要实现 AgentAction 接口。动作（action）是 Action 类的实例，将执行动作的 Agent 的标识符以及描述任务的对象作为参数传递给 Action 类，这样就实现了动作实例的初始化。

（2）Agent A 询问 Agent B 某一命题是否为真。

在这种情况下，根据 FIPA 规范，消息内容必须是一个 Java 对象，该对象描述了需要被验证的命题。在 JADE 中该命题对象需要实现 Predicate 接口。

（3）某些消息内容既不是 Agent 的动作也不是命题，我们将此类消息内容称之为概念（Concept），它们实现 Concept 接口。

基于 Ontology 的 Agent 间的通信主要包括如下步骤。

1. 创建应用本体

使用 ontology，保证了 JADE 的 Agent 可以同其他异质 Agent 系统进行互操作。目前，有一些已经存在的语言来描述 Ontology，如 DAML+OIL 和 OWL，JADE 并不直接支持这些 Ontology，而是将 Ontology 编码为 Java 类。在 JADE 中，应用本体是通过 JADE.content.onto.Ontology 类的一个对象实现的，具有如下特征：

（1）名称；

（2）至多一个父本体，即它所扩展的本体；

（3）一组元素模式。所谓元素模式是用来描述概念（concept）、动作（action）、谓词（predicate）等结构的对象。

本体的定义如下列代码所示

```
public class PeopleOntology extends Ontology {
// The name of this ontology.  本体的名字
public static final String ONTOLOGY_NAME = "PEOPLE_ONTOLOGY";
// Concepts, i.e., objects of the world. 本体所描述的概念, 即现实世界的概念
public static final String PERSON = "PERSON";
public static final String MAN = "MAN";
public static final String WOMAN = "WOMAN";
public static final String ADDRESS = "ADDRESS";
// Slots of concepts, i.e., attributes of objects. 概念的槽, 即对象的属性
public static final String NAME = "NAME";
public static final String STREET = "STREET";
public static final String NUMBER = "NUMBER";
public static final String CITY = "CITY";
// Predicates  谓词
public static final String FATHER_OF = "FATHER_OF";
public static final String MOTHER_OF = "MOTHER_OF";
// Roles in predicates, i.e., names of arguments for predicates 谓词中的角色, 即谓词中参数的名称
public static final String FATHER = "FATHER";
public static final String MOTHER = "MOTHER";
public static final String CHILDREN = "CHILDREN";
```

```
// Actions 动作
public static final String MARRY = "MARRY";
// Arguments in actions 动作的参数
public static final String HUSBAND = "HUSBAND";
public static final String WIFE = "WIFE";
private static PeopleOntology theInstance = new PeopleOntology();
public static PeopleOntology getInstance() {
return theInstance;
}
public PeopleOntology(Ontology base) {
super(ONTOLOGY_NAME, ACLOntology.getInstance());
// Add definitions of schemata here. 此处添加模式的定义
// Get the element schema for strings from BasicOntology
PrimitiveSchema stringSchema =
(PrimitiveSchema)getSchema(BasicOntology.STRING);
// Define the concept of Person 定义概念 PERSON 的模式
ConceptSchema personSchema = new ConceptSchema(PERSON);
personSchema.add(NAME, stringSchema);
personSchema.add(ADDRESS, addressSchema, ObjectSchema.OPTIONAL);
// Add the schema to the ontology  将概念模式加入到本体中
add(personSchema, Person.class);
…………}}
```

在元素模式中描述概念、动作、谓词等的结构的对象。例如，本体 People 包含一个元素模式 Person。在这个模式中，一个 Person 具有名称和地址特征。

任何一个元素模式都与一个 Java 类相关。与模式相关联的类必须具备如下特征：

（1）继承 JADE.content 包中的一个类，例如，Person 类继承了 Concept 类，因为 Person 类与一个概念模式相关联。

（2）为每一个属性提供公共的 get/set 方法。

（3）具备一个无参构造器，也就是一个缺省的构造器。

例如，描述概念 PERSON 的模式类为

```
public class Person extends Concept {
private String name = null;
private Address address = null;
public void setName(String name) {
this.name = name;
}
public void setAddress(Address address) {
this.address = address;
}
public String getName() {
return name;
}
public Address getAddress() {
return address;
}
}
```

又如，还可以在本体 People 中定义其他的元素模式，即

```
// Define a schema for the set of children
AggregateSchema childrenSchema = new AggregateSchema(BasicOntology.SET);
// Define the schema for fatherOf predicate 定义 FatheOf 谓词的元素模式
PredicateSchema fatherOfSchema = new PredicateSchema(FATHER_OF);
fatherOfSchema.add(FATHER, manSchema);
fatherOfSchema.add(CHILDREN, childrenSchema);
// Add the predicate to the ontology 在本体中添加 FATHER_OF 谓词模式
add(fatherOfSchema, FatherOf.class);
```

描述谓词 FATHER_OF 的模式类为

```
public class FatherOf extends Predicate {
```

```
private List children = null;
private Man father = null;
public void setChildren(List children) {
this.children = children;
}
public void setFather(Man father){
this.father = father;
}
public Man getFather() {
return father;
}
public List getChildren() {
return children;
}
}
```

2. 发送和接收消息

为了实现基于本体的消息发送和接收，需要：

（1）提供词汇的本体；

（2）处理内容语言语法的编解码器。

具体应用时需要通过 JADE 的内容管理器对它们进行注册，语法如下：

```
getContentManager().registerLanguage(new JCodec());
getContentManager().registerOntology(PeopleOntology.getInstance());
```

实现基于本体的消息发送存在两种可能性：

（1）通过实体对象。

例如，Agent A 询问 Agent B：John 的子女叫什么名字？即：(iota ?X fatherOf(john, ?X))。Agent B 将问题的答案以基于本体的方式发送给 Agent A，发送消息时，可参考如下代码

```
ACLMessage message = new ACLMessage(ACLMessage.INFORM);
```

```
// Set the fields of the ACL message
...
// Create the concrete object representing the content 创建代表消息内容的实体对象
Man john = new Man();
Man bill = new Man();
john.setName("John");
bill.setName("Bill");
Address johnAddress = new Address();
johnAddress.setCity("London");
john.setAddress(johnAddress);
Address billAddress = new Address();
billAddress.setCity("Paris");
bill.setAddress(billAddress);
FatherOf fatherOf = new FatherOf();
fatherOf.setFather(john);
List children = new ArrayList();
children.add(bill);
fatherOf.setChildren(children);
getContentManager().fillContent(message, fatherOf); //使用 fillContent()方法写消息内容
```

Agent A 接收消息的代码示例如下

```
ACLMessage msg = blockingReceive(ACLMessage.INFORM);
// The content of informs do not contain variables
Proposition p = (Proposition)getContentManager().extractContent(msg);
 //使用 extractContent()方法读消息内容
// Handle the content
if(p instanceof FatherOf) {
...
}
```

注释：

此处接收消息使用 blockingReceive()方法。blockingReceive()和 receive()是 Agent 接收消息的两种基本方法，二者的区别是：

① 使用 blockingReceive()方法时，Agent 暂停其所有活动，直到一条消息到达；

② 使用 receive()方法并不暂停 Agent 的活动，只是检查消息队列，如果有消息到达，则返回消息内容，否则返回 null。

（2）通过抽象描述符。

抽象描述符是描述一个模式具体实例的对象。

例如下面是描述概念“John”的抽象描述符

```
AbsConcept absJohn = new AbsConcept(PeopleOntology.MAN);
absJohn.set(PeopleOntology.NAME, "John");
```

通过抽象描述符发送消息可参考下列代码

```
ACLMessage message = new ACLMessage(ACLMessage.QUERY_REF);
// Set the fields of the message
...
// Create the abstract descriptor representing the content
AbsConcept absJohn = new AbsConcept(PeopleOntology.MAN);
absJohn.set(PeopleOntology.NAME, "John");
AbsVariable absX = new AbsVariable("X")
AbsPredicate absFatherOf = new AbsPredicate(PeopleOntology.FATHER_OF);
absFatherOf.set(PeopleOntology.FATHER, absJohn);
absFatherOf.set(PeopleOntology.CHILDREN, absX);
AbsIRE absIRE = new AbsIRE(absX, absFatherOf);
getContentManager().fillContent(message, absIRE);
```

通过抽象描述符接收消息可参考如下代码

```
ACLMessage msg = blockingReceive(ACLMessage.QUERY_REF);
// The content of query-refs do contain variables
AbsIRE absIRE = (AbsIRE)getContentManager().extractAbsContent(msg);
```

```
// Handle the content
AbsVariable absX = absIRE.getVariable();
AbsProposition absP = absIRE.getProposition();
```

第 7 章　JADE Agent 与 Web Service

7.1　Web Service 基本原理

7.1.1　什么是 Web Service

什么是 Web Service？从表面看，Web Service 就是一个应用程序，它向外界暴露出一个能够通过 Web 进行调用的 API。也就是说，可以利用编程的方法通过 Web 来调用这个应用程序。

Web Service 是自包含、自描述、模块化的应用，可以发布、定位、通过 Web 调用。Web Service 可以执行从简单的请求到复杂商务处理的任何功能。一旦部署以后，其他 Web Service 应用程序可以发现并调用它部署的服务。

Web Service 可以使用标准的互联网协议，像超文本传输协议(HTTP)和 XML，将功能纲领性地体现在互联网和企业内部网上。可将 Web 服务视作 Web 上的组件编程。

对 Web Service 比较精确的解释是：Web Service 是建立可互操作的分布式应用程序的新平台。Web Service 平台是一套标准，它定义了应用程序如何在 Web 上实现互操作性。开发者可以用任何喜欢的语言，在任何喜欢的平台上写 Web Service。不管 Web Service 是用什么工具、什么语言写出来的，只要使用 SOAP 协议通过 HTTP 来调用他，总体结构都一致。

综上所述，Web Service 具有如下特点：

（1）可描述性。可以通过一种服务描述语言来描述 Web Service。

（2）可发布性。可以通过在一个公共的注册服务器上注册其描述信息来发布。

（3）可查找性。通过向注册服务器发送查询请求可以找到满足查询条件的服务，获取服务的绑定信息。

（4）可调用性。使用服务描述信息中的细节可以实现服务的远程调用。

（5）可组合性。可以与其他服务组合在一起形成新的服务。

Web Service 采用面向服务的体系结构 SOA（Serveice-Oriented Architecture）。SOA 是一个组件模型，他将应用程序的不同功能单元（称为服务）通过这些服务之间定义良好的接口和契约联系起来。

在 SOA 中，接口采用中立的方式定义，接口只声明开发人员如何继承和实现该接口，与平台或语言无关。

Web Service 体系结构采用了 SOA 模型，其模型包含三个角色，分别是服务提供者、服务请求者和服务注册中心，它们通过三个基本操作：发布、查找和绑定来相互作用。如图 7-1 所示。

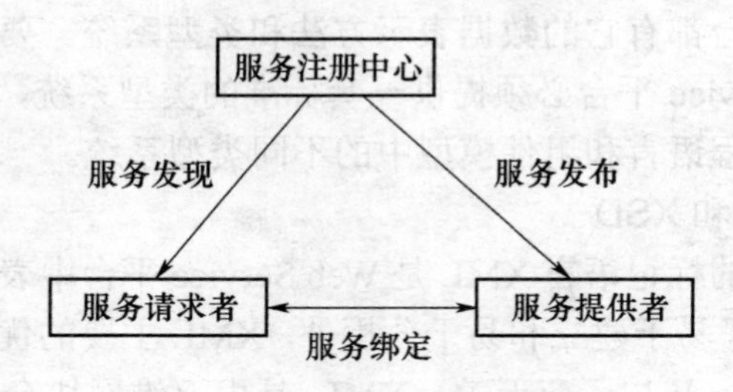

图 7-1　Web Service 的体系结构

（1）服务提供者。

服务提供者也可以称为服务的拥有者，它通过提供服务接口使 Web Service 在网络上是可用的。服务接口是可以被其他应用程序访问和使用的软件组件，如果服务提供者创建了服务接口，则服务提供者会向服务注册中心发布服务，以注册服务描述。相对于 Web Service 而言，服务提供者可以看做访问服务的托管平台。

（2）服务请求者。

服务请求者也称为 Web Service 的使用者，服务请求者可以通过服务注册中心查找服务提供者，当请求者通过服务器中心查找到提供者之后，就会绑定到服务接口上，与服务提供者进行通信。相对于 Web Service 而言，服务请求者是寻找和调用提供者提供的接口的应用程序。

（3）服务注册中心。

服务注册中心提供请求者和提供者进行信息通信，当服务提供者提供服务接口后，服务注册中心则会接受提供者发出的请求，从而注册提供者。而服务请求者对注册中心进行服务请求后，注册中心能够查找到提供者并绑定到请求者。

7.1.2 Web Service 的主要技术

Web Service 框架的核心技术包括 SOAP、WSDL 和 UDDI，它们都是以标准的 XML 文档的形式表示的。

Web Service 平台需要一套协议来实现分布式应用程序的创建。任何平台都有它的数据表示方法和类型系统。要实现互操作性，Web Service 平台必须提供一套标准的类型系统，用于沟通不同平台、编程语言和组件模型中的不同类型系统。

1. XML 和 XSD

可扩展的标记语言 XML 是 Web Service 平台中表示数据的基本格式。除了易于建立和易于分析外，XML 主要的优点在于它既与平台无关，又与厂商无关。XML 是由万维网协会（W3C）创建的，W3C 制定的 XSD 定义了一套标准的数据类型，并给出了一种语言来扩展这套数据类型。

Web Service 平台使用 XSD 来作为数据类型系统。当用某种语言如 VB. NET 或 C# 来构造一个 Web Service 时，为了符合 Web Service 标准，所有使用的数据类型都必须被转换为 XSD 类型。如想在不同平台或不同软件的不同组织间传递数据，还需要用某种东西将数据包装起来。这种东西就是一种协议，如 SOAP。

2. SOAP

SOAP 是 Web Services 的通信协议。SOAP 是一种简单的、轻量级的基于 XML 的机制，用于在网络应用程序之间进行结构化数据交换。SOAP 包括三部分：

（1）一个定义描述消息内容的框架的信封。XML-envelope 为描述信息内容和如何处理内容定义了框架。

（2）一组表示应用程序定义的数据类型实例的编码规则，即将程序对象编码成为 XML 对象的规则。

（3）表示远程过程调用和响应的约定。

3. WSDL

WSDL 指网络服务描述语言 (Web Services Description Language)，WSDL 是一种使用 XML 编写的文档，这种文档可描述某个 Web Service，它可规定服务的位置，以及此服务提供的操作（或方法）。

WSDL 文档主要利用表 7-1 所列举的元素来描述某个 Web Service。

表 7-1 WSDL 中的主要元素

元素	定 义
<portType>	Web Service 执行的操作
<message>	Web Service 使用的消息
<types>	Web Service 使用的数据类型
<binding>	Web Service 使用的通信协议

一个 WSDL 文档的主要结构类似下列代码

```
<definitions>
<types>
  definition of types........
</types>
```

```
<message>
  definition of a message....
</message>
<portType>
  definition of a port.......
</portType>
<binding>
  definition of a binding....
</binding>
</definitions>
```

因为是基于 XML 的，所以 WSDL 既是机器可阅读的，又是人可阅读的。

4. UDDI

UDDI 指通用的描述、发现以及整合（Universal Description, Discovery and Integration），它是一种用于存储有关 Web Service 的信息的目录，是一种由 WSDL 描述的网络服务接口目录。UDDI 经由 SOAP 进行通信，好比 Internet 上的 Web Service 的黄页簿。

有一些开源的 UDDI 工具，如：Apache jUDDI、Ruddi、OpenUDDI 等。

7.1.3 NetBeans 下 Web Service 程序的开发示例

1. 设置环境

Web Service 程序应该部署到服务器上，所以在开发之前要确保服务器安装成功。我们可以使用 NetBeans 自带的 GlassFish 服务器，如果想部署到不同的服务器，如 Tomcat Web 服务器，则需要进行如下设置：

（1）下载 apache-tomcat-6.0.26.zip 文件并解压。

（2）在 NetBeans 主窗口下，选择“工具”菜单中的“服务器（S）”，在弹出的服务器窗口中，会发现只有一个 GlassFish 服务器。

（3）单击“添加服务器（A）”按钮，在随后弹出的“添加服务器实例”窗口中，选择服务器 Tomcat 6.0，按“下一步”，选择服务器的位置，即 apache-tomcat-6.0.26.zip 文件解压后的文件夹。如图 7-2 所示。

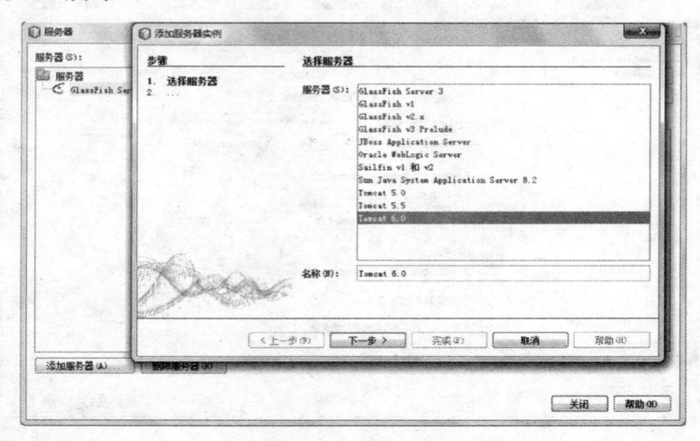

图 7-2　添加 Tomcat 服务器

（4）在随后弹出的窗口中，单击“浏览（R）”按钮，选择服务器所在的位置，并输入具有管理员权限的用户名和口令，如果是新用户，则将“创建用户（如果不存在）”复选框选中，如图 7-3 所示。

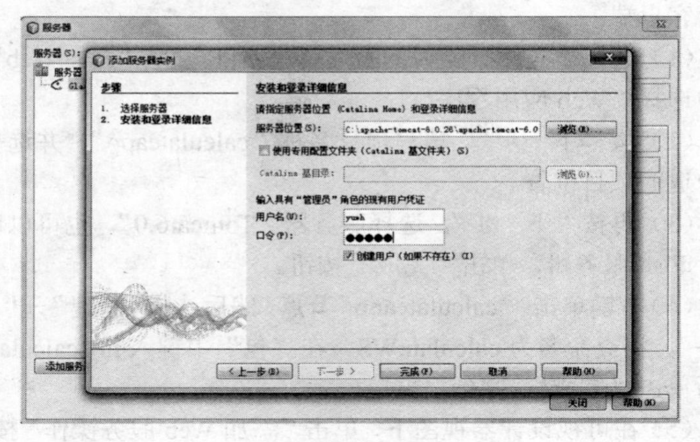

图 7-3　创建管理员角色

（5）单击“完成（F）”后，会发现中服务器中多出了一个 Tomcat 6.0，表示 Tomcat 服务器安装成功，如图 7-4 所示。

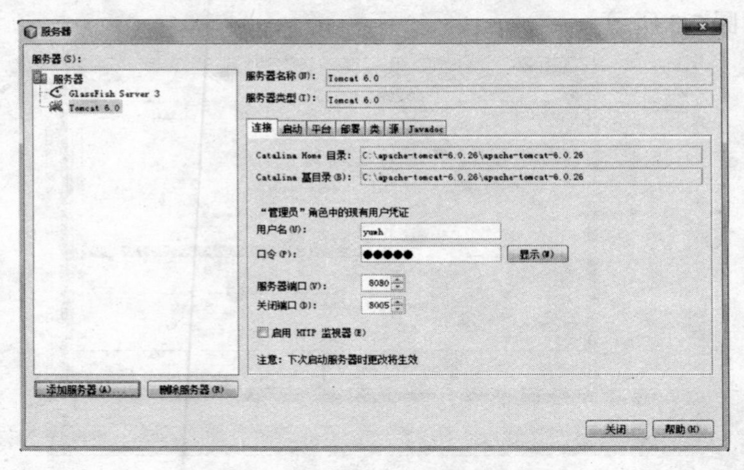

图 7-4　Tomcat 服务器安装成功

2. 创建 Web Service 服务端

本例子将开发一个简单的 Web Service，它提供一个求和操作的服务，即该服务从客户端接收两个数字，然后会将二者之和返回给客户端。

（1）选择“文件”菜单下的“新建项目”，从“Java Web”类别中选择“Web 应用程序”。

（2）按“下一步”，填写项目名称“calculateapp”，并选择一个合适的项目位置。

（3）再按“下一步”，选择服务器“Tomcat6.0”，也可以选择 GlassFish 服务器，单击“完成”按钮。

（4）右键单击 “calculateapp”节点，然后选择“新建”→“Web 服务”。将类命名为 calculateWS，在“包”中键入 my.calculator，然后单击“完成”，回到主窗口。

（5）在可视设计器视图下，单击“添加 Web 服务操作”按钮，如图 7-5 所示。

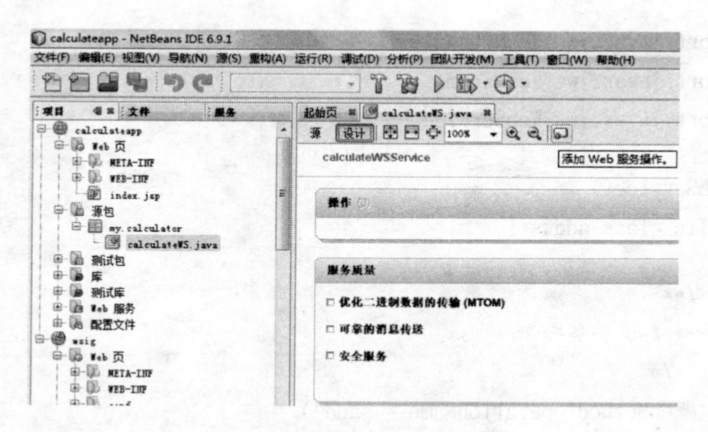

图 7-5 添加 Web 服务的操作

（6）在“添加操作”对话框中，在“名称”中键入 add，并在“返回类型”中键入 int。在“添加操作”对话框的下半部分中，单击“添加”以创建 int 类型的参数 *i*。然后，再次单击“添加”以创建 int 类型的参数 *j*，单击“确定”，如图 7-6 所示。

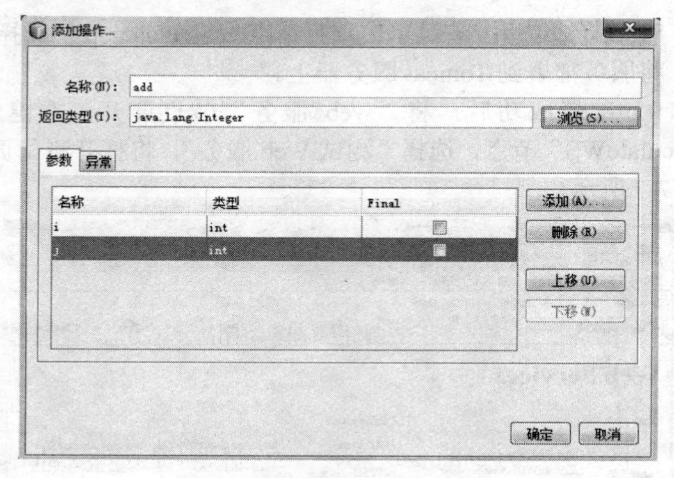

图 7-6 设置操作的名称和参数

（7）在“源”视图下，对所生成的代码做适当修改，结果为

```
package me.org;
```

```
import javax.jws.WebMethod;
import javax.jws.WebParam;
import javax.jws.WebService;

@WebService()
public class addws {

    /**
     * Web 服务操作
     */
    @WebMethod(operationName = "add")
    public int add(@WebParam(name = "i") int i, @WebParam(name = "j")
            final int j) {
        //TODO write your implementation code here:
        return i + j;
    }
}
```

（8）编译成功后，右键单击项目节点“calculateapp”，选择“部署”，将服务部署到 Tomcat 服务器上。

（9）部署成功后，将“web 服务”节点展开，右键单击“calculateWS”节点，选择“测试 Web 服务”，将打开测试页面，如图 7-7 所示。

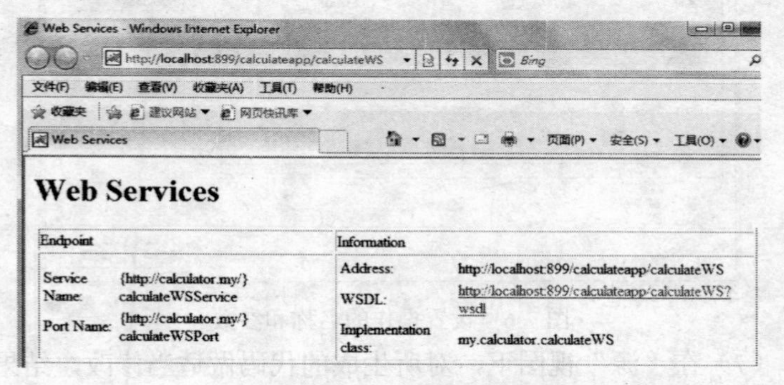

图 7-7　Web Service 的测试页面

3. 创建 Web Service 客户端

本部分，我们将创建一个新的 Web 应用程序，然后在“Web 应用程序”向导创建的缺省 JSP 页中使用 Web 服务。

（1）选择“文件”下的“新建项目”。从“Web”类别中选择“Web 应用程序”。将该项目命名为 CalculatorWSJSPClient。单击“完成”。

（2）右键单击“CalculatorWSJSPClient”节点，然后选择“新建”→“Web 服务客户端”。

（3）在弹出的“新建 Web 服务客户端”窗口中，选中“项目”，单击“浏览”。浏览至要使用的 Web 服务。选定 Web 服务后，单击“确定”，如图 7-8 所示。

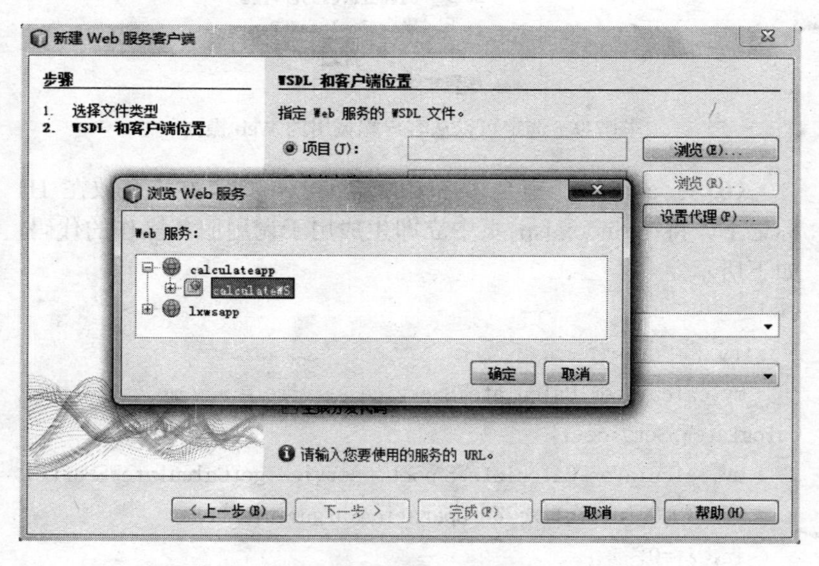

图 7-8 选定 Web 服务

（4）将其他设置保留为缺省值，然后单击“完成”。

（5）在“Web 服务参考”节点中，逐层展开，将会显示我们可以从客户端调用的 add 操作。如图 7-9 所示。

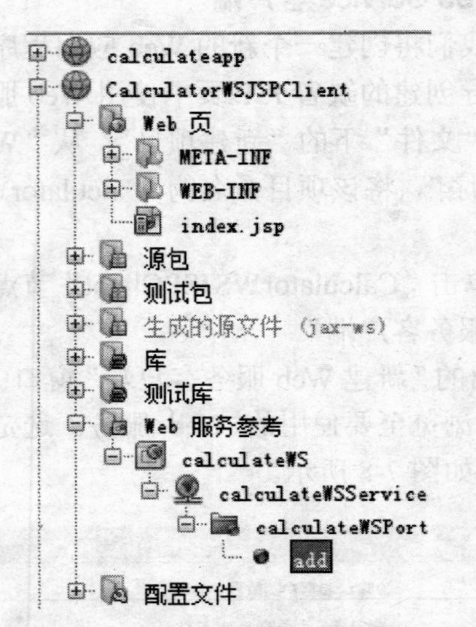

图 7-9 选定可以从客户端调用的 Web 操作

(6)将 add 操作拖至客户端的 index.jsp 页，并将其放在 H1 标记下。将在 index.jsp 页中立即生成用于调用服务操作的代码，如下所示

```
<%
    try {
    my.calculator.CalculateWSService service = new my.calculator.
CalculateWSService();
    my.calculator.CalculateWS port = service.getCalculateWSPort();
     // TODO initialize WS operation arguments here
    int i =0;
    int j = 0;
    // TODO process result here
    java.lang.Integer result = port.add(i, j);
    out.println("Result = "+result);
    } catch (Exception ex) {
```

```
// TODO handle custom exceptions here
}
%>
```

将 i 和 j 的值从 0 更改为其他整数，如 3 和 4。

（7）右键单击项目节点，然后选择“运行”。运行结果如图 7-10 所示。

图 7-10 Web 服务的运行结果

7.2 JADE Agent 与 Web Service 的集成

7.2.1 二者集成的必要性

Web Service 的主要目标是跨平台的可互操作性。为了达到这一目标，WebService 完全基于 XML（可扩展标记语言）、XSD（XMLSchema）等独立于平台、独立于软件供应商的标准，是创建可互操作的、分布式应用程序的新平台。因此，Web Service 在跨防火墙通信、应用程序集成、B2B 集成、软件和数据重用等方面具有明显的优势。

Agent 技术是分布式计算与人工智能相结合的产物，该技术具有如下特点：

（1）自主性（自治性）。

自主性是 Agent 的根本特性。Agent 被初始化以后，不需要用户干预，可以自主地作出某种决定。

（2）反应性。

反应性是指 Agent 能对环境（可能是用户、程序、其他 Agent 或以上的组合）的改变及时地作出反应。

（3）协作性（社会性）。

Agent 具有相互协作的能力，这是 MAS(Multi-Agent System) 系统顺利工作的关键。Agent 应该具有通过协商解决某种冲突的能力。

（4）适应性。

Agent 是一个开放的系统。随着与环境和用户之间的交互作用，Agent 能够主动适应环境，扩充自身的知识。

（5）通信性。

Agent 之间能够进行信息交换，通信既保证了 Agent 之间的相互交流，又不至于影响 Agent 的独立性。在 MAS 系统中，Agent 的通信性是相互协作、协商的基础。

（6）移动性。

从严格意义上说，移动性只是一部分 Agent 的特性。所谓的移动性指 Agent 可以在任何状态下（包括在运行过程中）从一个节点移到一个新的节点上，并维持原有的运行状态。

尽管 Agent 技术具有上述优点，但是 Web Service 在跨防火墙通信、系统集成等方面的优势却是多 Agent 系统所不具备的。因此在 JADE 平台中引入与 Web Service 的互操作机制，将使 JADE 平台变得更加强大，并能满足多 Agent 系统通过 Internet 进行通信的要求。

另一方面，尽管 Web Service 为建立一个适合 Web 环境的、高度分散化、高度自治的应用提供了计算模型，实现了真正的平台独立性和语言独立性，并且以其松散耦合性、协议规范性、完整封装性、高度可集成性等优点成为分布计算的核心技术。但从本质上来说 Web Service 还是属于静态的远程过程调用，缺乏主动性、智能性和相互通信的理解力。也就是说，不论 Web Service 能够提供多少服务，计算能力多么强，它都不是一个 Agent，因为他是被动地，非主动地提供服务。Web Service 自身的这些缺点决定了他不能高效灵活地提供服务。而 Agent 技术所具有的自主感知环境、智能性等特点，恰恰能够很好地弥补 Web Service 的上述缺点，将 Agent 技术和 Web Service 相结合，将为适应新形势下的分布式应用提供一种新的思路和解决方案。

Agent 技术与 Web Service 的集成好比是“体力与脑力的结合(Brain meets Brawn)”。Web Service 技术关注的是“肌肉骨骼（Brawn）”，如，资源如何共享、系统如何集成等问题；而 Agent 技术更多关注的是“头脑智能（Brain）”，如，如何自主、自动地解决各种分布式问题。Web Service 需要具有智能性，而 Agent 技术则需要一个强壮的体系结构，二者的结合相得益彰。

7.2.2 Agent 与 Web Service 的比较

Agent 与 Web Service 虽然是两种不同的技术，但他们有许多相似之处，比如都可以作为分布式问题求解的模型，都提供了黄页、白页服务等等，从本质上说，他们都是自描述、模块化、可重用的软件组件，各种相似性说明这两种技术的结合是可行的。

但是，Agent 和 Web Service 遵循不同的技术规范，在功能实现上存在很大的差异，这些差异性使得二者的集成具有一定的挑战性。

1. 使用的通信协议不同

Agent 之间通信使用的是 ACL 语言，而 Web Service 通信使用的则是简单对象访问协议（SOAP）。

SOAP 与 ACL 的比较如图 7-11 所示。

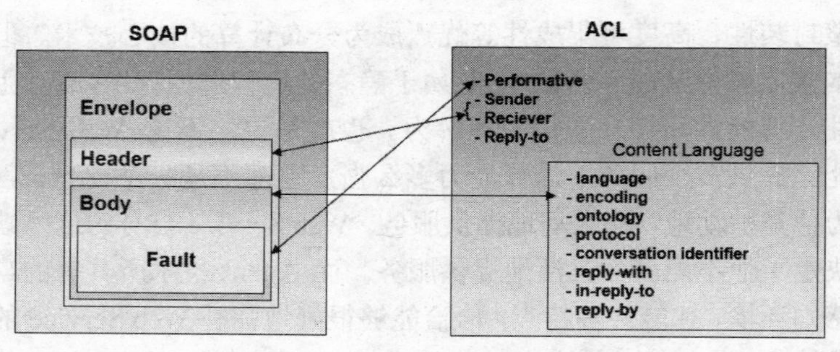

图 7-11　SOAP 与 ACL 的比较

2. 对服务的描述不同

Agent 采用 DF Agent Description 构建服务描述对象，而 Web Service 使用 Web 服务描述语言（WSDL）。二者的比较如图 7-12 所示。

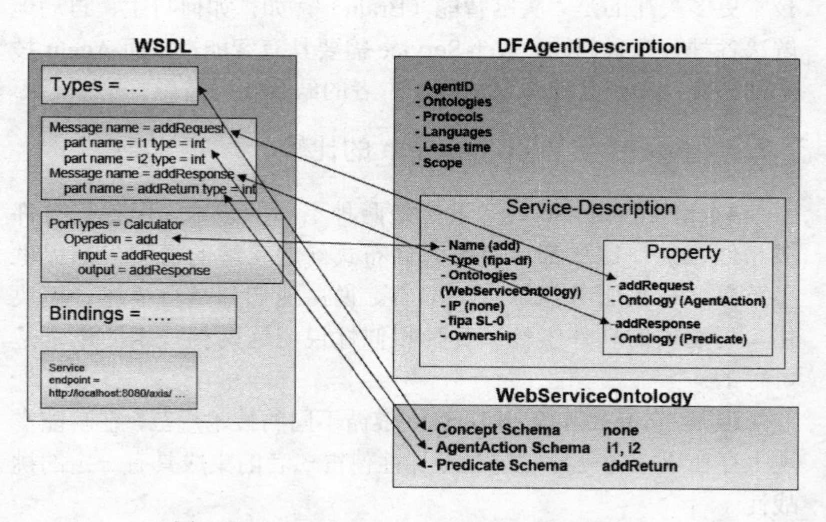

图 7-12　WSDL 与 DFAgentDescription 的比较

3. 服务注册机制不同

JADE 中使用 DF（Directory Facilitator）Agent 提供的黄页服务。DF 相当于一个目录服务器，每个提供服务的 Agent 可以向

DF 注册其服务，然后，其他的 Agent 可以从 DF 中查询该类服务，也可以订阅这类服务，如果是后者，那么一旦这类服务被注册到 DF 中，则订阅方就可以收到。

Web Service 发布服务则使用“通用描述、发现和集成（UDDI）API”；UDDI 包含于完整的 Web 服务协议栈之内，而且是协议栈基础的主要部件之一，支持创建、说明、发现和调用 Web 服务。UDDI 构建于网络传输层和基于 SOAP 的 XML 消息传输层之上。诸如 Web 服务描述语言（Web Services Description Language，WSDL）之类的服务描述语言提供了统一的 XML 词汇，其与交互式数据语言（Interactive Data Language，IDL）类似，供描述 Web 服务及其接口使用。

二者的比较如图 7-13 所示。

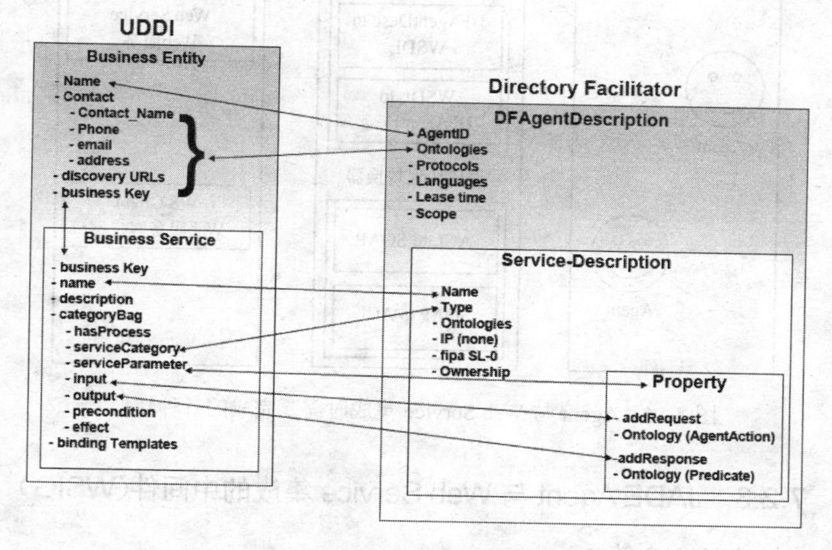

图 7-13　服务注册机制的比较

由于这两种技术在功能实现上存在上述差异，因此在二者集成时需要实现一些机制转换。

如图 7-14 所示，各种转换主要包括：

（1）服务检索查询机制的转换，即 DF 与 UDDI 的转换；

（2）服务描述机制的转换，即 DFAgentDescription 与 WSDL 的转换；

（3）通信协议的转换，即 ACL 与 WSDL 的转换。

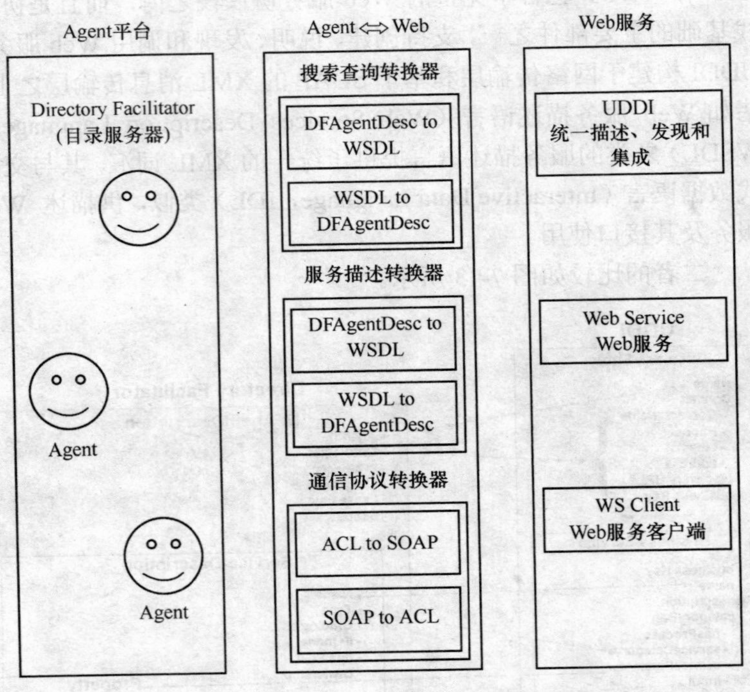

图 7-14　Agent 与 Web Service 集成时需要完成的各种转换

7.2.3　JADE Agent 与 Web Service 集成的中间件(WSIG)

1. WSIG 简介

Web Service 简单高效，已迅速发展成 Web 上的主流技术。因此，非常有必要在 JADE 平台上提供 Agent 与 Web Service 的交互方式。然而，这种交互并不是简单的跨域的服务发现和调用，还应允许由某些控制器 Agent 创建、使用和管理的 Agent 与 Web

Service 之间的复杂组合。Web 服务集成网关（Web Services Integration Gateway，WSIG）就是 Agent 与 Web Service 交互的中间件。

WSIG 是 JADE 的附加组件，开发它的目的是为了实现 Web Service 与 JADE 平台之间无缝、透明的连接，实现 JADE Agent 与 Web Service 双向地发现与远程调用，即 JADE Agent 调用 Web Service，或将 JADE Agent 的智能行为转换为 Web Service，由 Web Service 的客户端调用。WSIG 将实现 Agent 与 Web Service 互连所必需的功能封装起来，最大限度减少人工介入、避免服务中断。

WSIG 中间件支持标准的 Web 服务栈，包括：

（1）描述服务的 WSDL 协议；

（2）SOAP 消息传输协议；

（3）发布服务的 UDDI 协议。

WSIG 框架由两部分组成：WSIG Servlet 和 WSIG Agent，如图 7-15 所示。

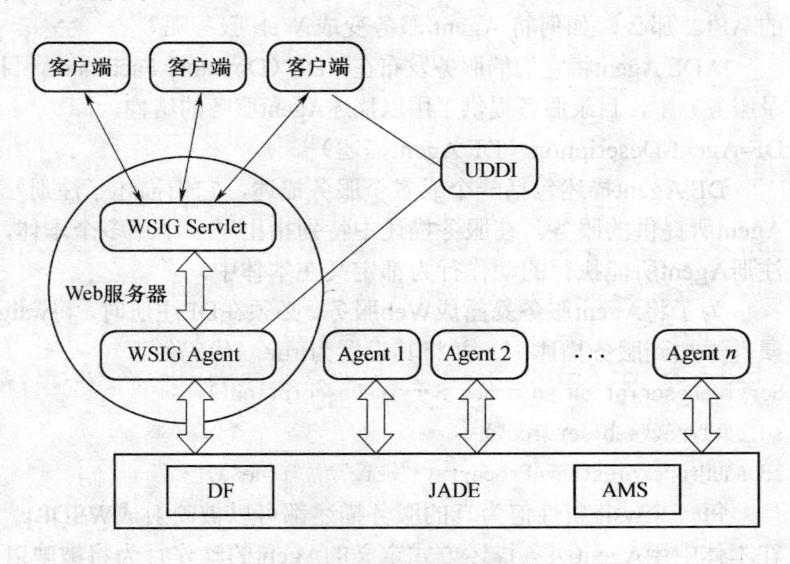

图 7-15　WSIG 的框架结构

其中，WSIG Servlet 是面向 Internet 世界的前端，负责：

（1）处理 HTTP/SOAP 请求；

（2）提取 SOAP 消息；

（3）准备相应的 Agent 操作并传递给 WSIG Agent；

（4）将 Agent 操作结果转换成 SOAP 消息；

（5）准备返回给客户端的 HTTP/SOAP 应答。

WSIG Agent 是 Web 与 Agent 世界的网关，负责把从 WSIG Servelet 处接收到的 Agent 操作转发给实际能够提供这些操作服务的 Agent。它的主要作用为：

（1）订阅 JADE DF 目录服务，接收 Agent 注册或取消注册的通知。

（2）为每一个在 DF 中注册的 Agent 服务创建相应的服务描述 WSDL，并且在需要时将其发布到 UDDI 服务器中。

2. 如何将 Agent 服务暴露成 Web 服务

所谓 Web 服务，就是向外界暴露出一个能够通过 Web 调用的 API。那么，如何将 Agent 服务变成 Web 服务呢？

JADE Agent将它们的服务发布在，DF（Directory Facilitator，目录服务）中，目录服务提供了用以描述Agent服务的结构，即 DF-Agent-Description（DF Agent描述）。

DF Agent描述包括一个或多个服务描述，它们描述了注册Agent所提供的服务。在服务描述中特别指出了一个或多个本体，注册Agent所能执行的动作行为都定义在本体中。

为了将Agent服务暴露成Web服务，必须在DF注册时，将wsig属性添加到服务描述中，并将其设置为true。代码如下

```
ServiceDescription sd = new ServiceDescription();
sd.setType("web-service")
sd.addProperties(new Property( “wsig” , "true"));
```

每一个wsig属性值为真的服务描述都可以被映射成WSDL。在本体中用Agent服务描述方式定义的Agent的动作行为将被映射成WSDL中的操作，如图7-16所示。

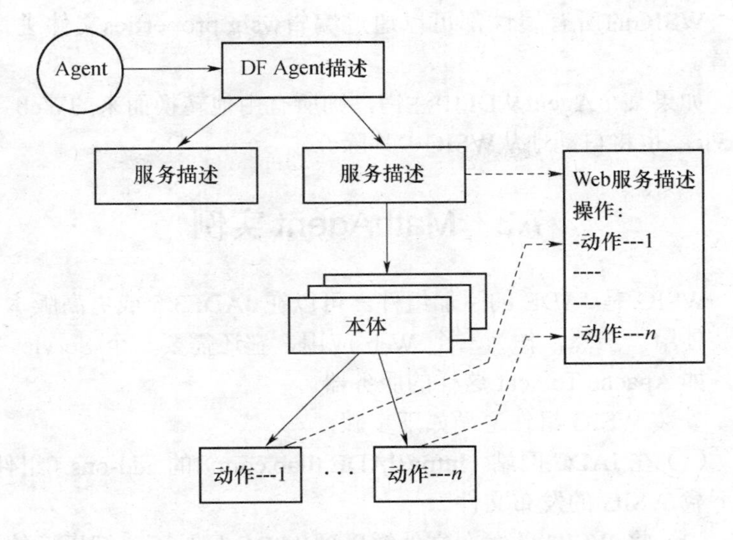

图 7-16 WSDL 与 DFAgentDescription 间的映射

WSDL是否发布到UDDI注册中心取决于WSIG的属性配置。WSIG的主要属性如表7-2所列。

表 7-2 WSIG 的主要属性

WSIG的属性	属性说明	缺省值
wsig.agent	完全有资格扩展或修改WSIGAgent类基本功能的WSIG agent的名称	com.tilab.wsig.agent.WSIGAgent
wsig.uri	调用WSIG的URL地址	http://localhost:8080/wsig/ws
wsdl.directory	存储所生成的WSDL文件的地址	wsdl
uddi.enable	是否必须将产生的WSDL发布到UDDI注册中心	false
uddi.querymanagerturl	提供UDDI查询的地址	
uddi.lifrcyclemanagerurl	UDDI发布地址	
uddi.username	UDDI用户名	
uddi.userpassword	UDDI密码	

WSIG的所有属性都可以通过编辑wsig.properties文件进行配置。

如果某个Agent从DF中注销，则所有由他转换而来的Web Service 也将自动地从WSIG中移除。

7.3 MathAgent 实例

WSIG 是 JADE 的附加组件，可以在 JADE3.5 或更高版本下安装使用。当然，作为一个 Web 应用，它还需要一个 Servlet 容器，如 Apache Tomcat 这样的服务器。

安装 WSIG 组件遵循如下步骤：

（1）在 JADE 网站（http://JADE.tilab.com）的 add-ons（组件）区下载 WSIG 的发布文件。

（2）将 WSIG 的发布文件解压到 JADE 目录下。解压后的目录结构如图 7-17 所示。

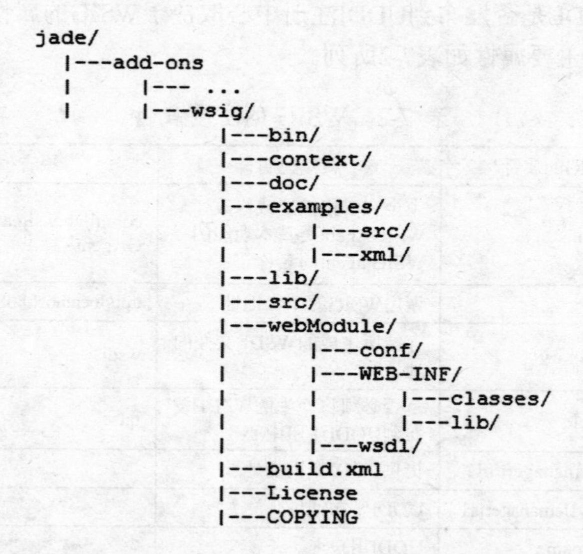

图 7-17 安装 WSIG 组件后的目录结构

在 examples 文件夹下包含一个 WSIG 例子的源文件，这个例子开发了一个 MathAgent，通过 WSIG 将 MathAgent 的各种数学运算操作转变成 Web Service。在 NetBeans 下，可按照如下步骤运行该例子。

1. 创建一个基于现有源代码的 Web 应用程序

选择 NetBeans 主菜单的“文件/新建项目”选项，在弹出的“新建项目”窗口中，选择类别“Java Web”和项目“基于现有源代码的 Web 应用程序”，单击“下一步”按钮，在弹出的窗口中选择包含 Web 应用程序所有源代码的文件夹。如图 7-18 所示。

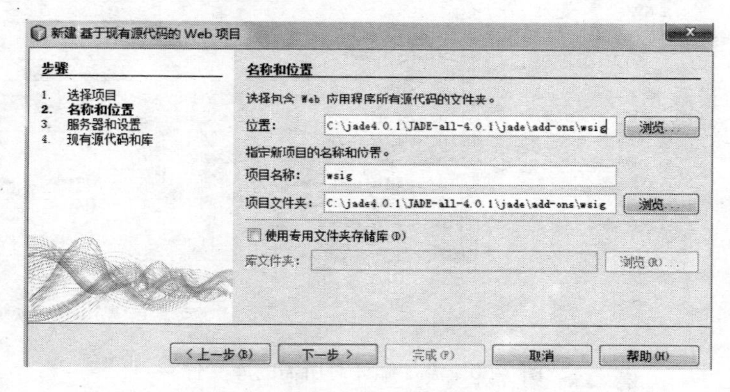

图 7-18　创建基于现有源代码的 Web 项目

单击“下一步”按钮，选择已安装的 Tomcat 服务器。

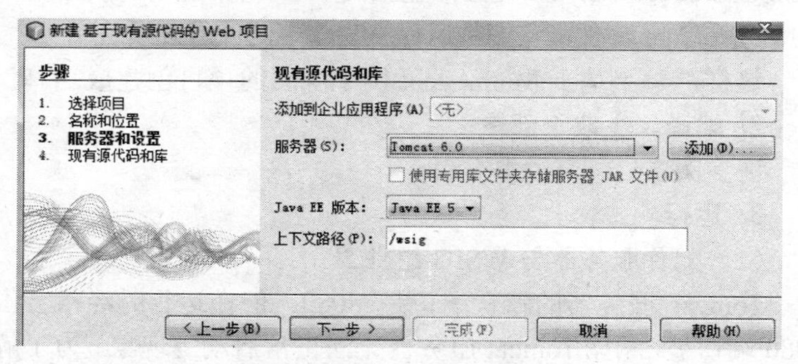

图 7-19　选择 Tomcat 服务器

继续单击“下一步”按钮，直至“完成”，回到 NetBeans 的主界面。右键单击新生成的项目结点“wsig”，在弹出的菜单中选择“属性”，打开“项目属性”窗口，选择“库”类别，通过单击“添加 JAR/文件夹”，添加编译时所需的库文件。如图 7-20 所示。

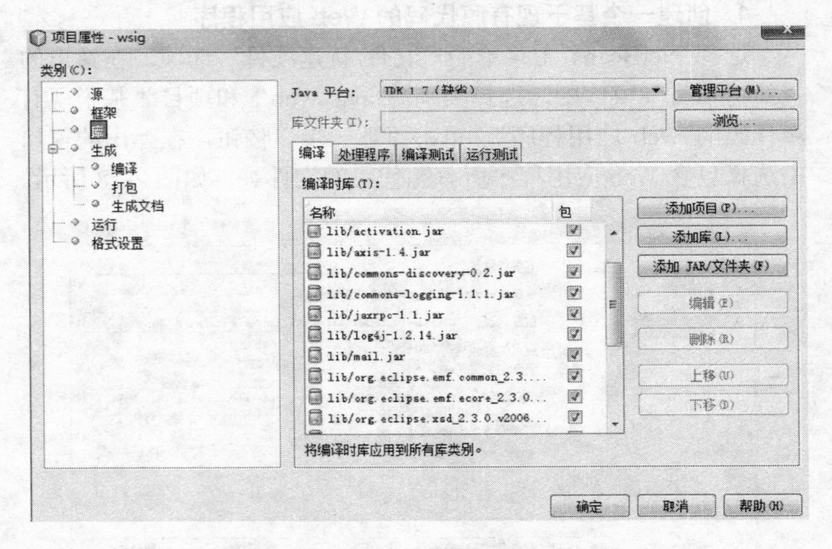

图 7-20　添加编译时所需的库文件

所添加的库文件除了包括 JADE 运行时所必须的 JADE.jar 和 commons-codec-1.3.jar，还必须包括图 7-17 所示的 wsig 下的 lib 目录中的所有.jar 文件，它们是运行 WSIG 中间件所必须的库文件。

这样，一个基于 MathAgent 例子源码的项目创建成功。

2. 编译、生成、部署

请参阅 7.1.3 节的程序实例

3. 运行

（1）配置服务器与 WSIG 组件。

Tomcat 服务器的默认端口是 8080，但在运行时经常会出现 8080 端口被占用，Tomcat 服务器无法正常启动等现象。为了解决这个问题，可以将端口号修改为其他数字。在 NetBeans 下，选择菜单“工具”下的“服务器”，在弹出的窗口中修改 Tomcat 的端口号，如图 7-21 所示。

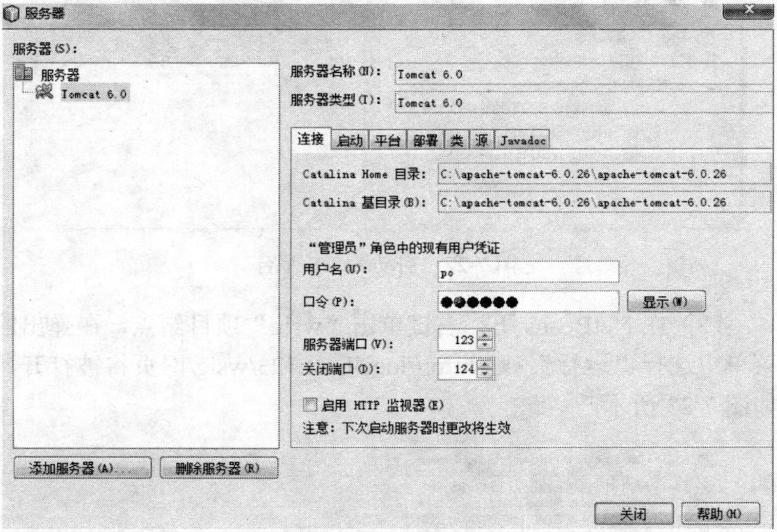

图 7-21　修改 Tomcat 的端口号

这里将 Tomcat 服务器端口修改为“123”。而 WSIG 组件默认的服务器端口是 8080，因此，我们需要对 WSIG 组件正确配置。在 WSIG 的安装目录下找到 wsig.properties 文件，使用 EDITPLUS 或记事本对其进行修改，将端口 8080 改成 123。具体代码改为

```
wsig.uri=http://localhost:123/wsig/ws
wsig.console.uri=http://localhost:123/wsig
uddi.queryManagerURL=http://localhost:123/juddi/inquiry
uddi.lifeCycleManagerURL=http://localhost:123/juddi/publish
```

还可以根据自己机器的环境情况，修改其他配置项。

（2）启动 JADE。

在命令提示符下输入命令

```
java jade.Boot -name “WSIGTestPlatform” -port 1099 -gui
```

启动 JADE 平台，运行结果如图 7-22 所示。

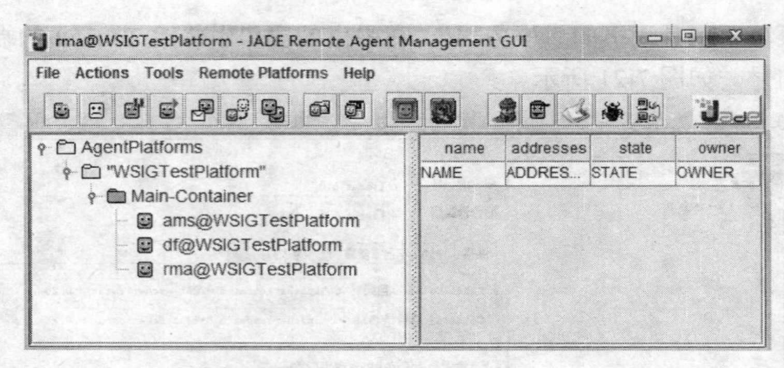

图 7-22 启动 JADE 平台

（3）在 NetBeans 下，右键单击“wsig”项目结点，在弹出的菜单中选择“运行”。则 http://localhost:123/wsig/网页将被打开，如图 7-23 所示。

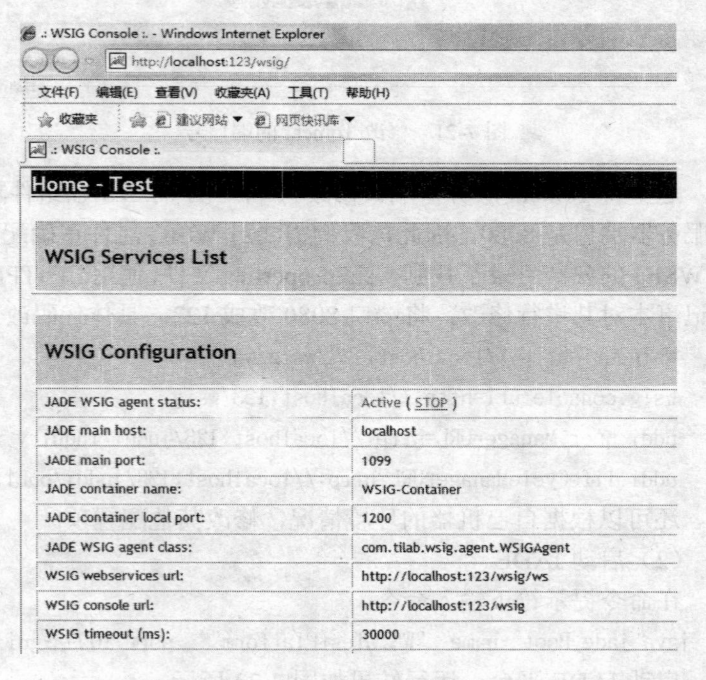

图 7-23 打开 wsig 网页

运行到这一步可以看到，在 WSIG Services List（服务列表）下没有任何服务项目。但是，观察 JADE 平台可以发现，在 WSIGTestPlatform 平台下增加了一个 WSIG 容器，即 WSIG-Container，起控制作用的 ControlWSIG agent 创建在这个容器下，如图 7-24 所示。

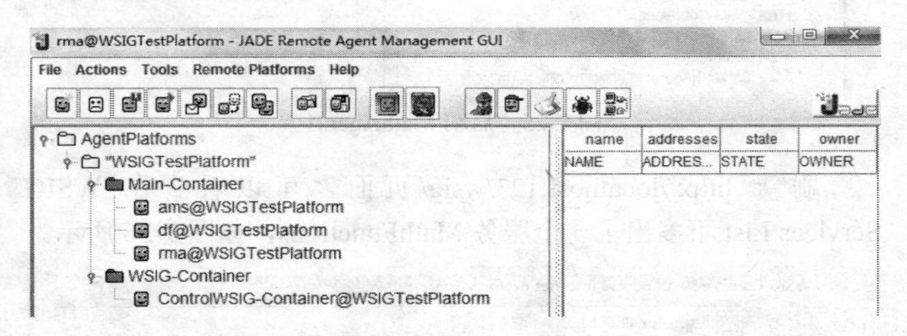

图 7-24　启动 ControlWSIG agent

（4）运行 MathAgent。

在命令提示符下输入

```
java jade.Boot -container “MathAgent1:com.tilab.wsig.examples.MathAgent(MathFunctions,false)” -name “WSIGTestPlatform”
```

启动 MathAgent 后在命令窗口下会出现下列信息：

12 三月 2011 20:38:56,072 --> MathAgent starting...

12 三月 2011 20:38:56,102 --> Agent name: MathAgent1

12 三月 2011 20:38:56,222 --> Service name: MathFunctions

12 三月 2011 20:38:56,222 --> Mapper present: false

12 三月 2011 20:38:56,222 --> Prefix:

12 三月 2011 20:38:56,262 --> MathAgent started

上述信息指出了 MathAgent 的名字以及它所提供的服务的名字。切换到 JADE 平台，可以看到平台下增加了一个新的 Container，MathAgent1 创建在该 Container 下，如图 7-25 所示。

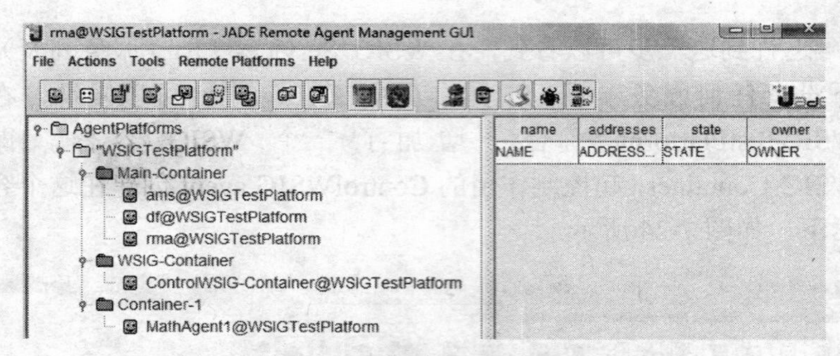

图 7-25　启动 MathAgent1

刷新 http://localhost:123/wsig/ 页面，可以看到在 WSIG Services List 下多出了一个服务 MathFunctions，如图 7-26 所示。

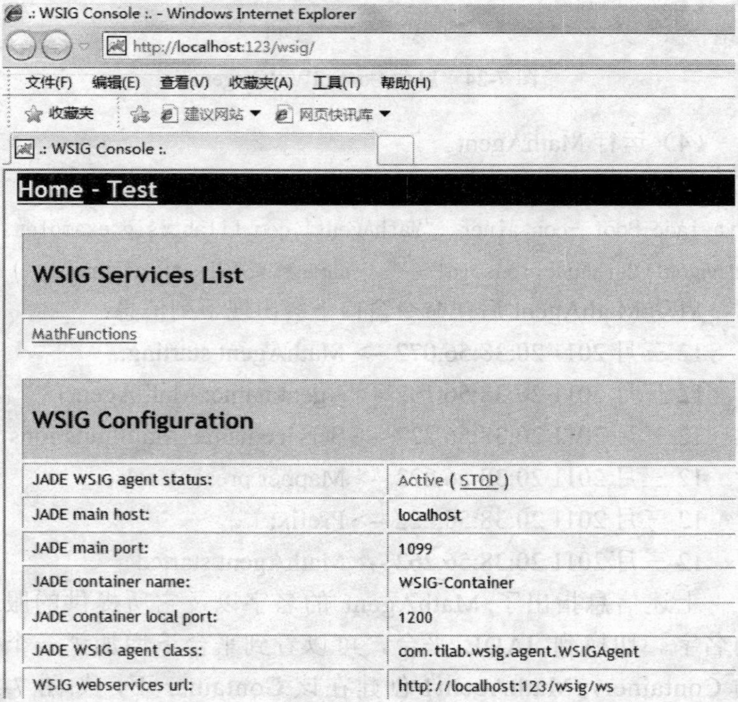

图 7-26　MathFunctions 服务显示在服务列表中

单击 MathFunctions 服务，将打开如图 7-27 所示的页面，该页面对 MathFunctions 服务作了简单说明。

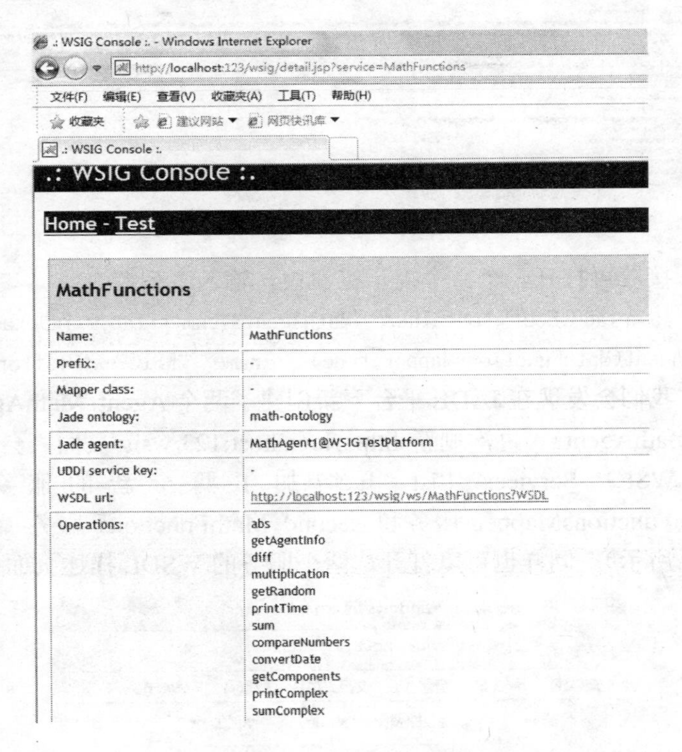

图 7-27　MathFunctions 服务的说明信息

打开该服务的 WSDL URL（Web 服务描述地址）http://localhost:123/wsig/ws/MathFunctions?WSDL，可以看到所产生的基于 XML 的服务描述，如图 7-28 所示。

以上运行结果表明：已经将 MathAgent 的动作行为转换成了可以通过 Web 调用的 Web Service。

再打开一个命令提示符窗口，输入以下命令：

java jade.Boot -container “MathAgent2:com.tilab.wsig.examples.MathAgent(MathFunctions,false,second)” -name “WSIGTestPlatform”

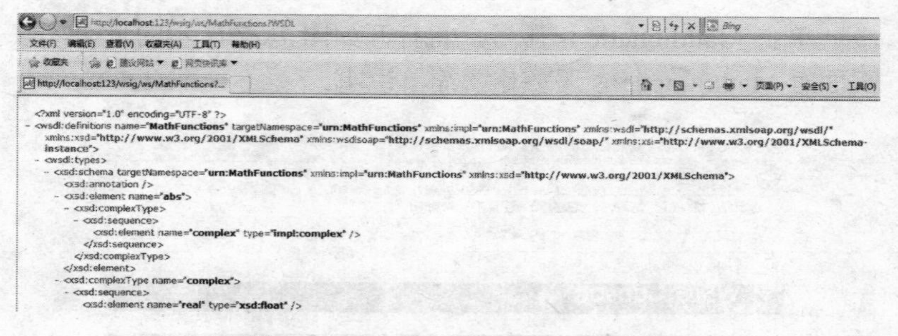

图 7-28 MathFunctions 的服务描述

接着再打开一个命令提示符窗口，输入下列命令：

java jade.Boot -container "MathAgent3:com.tilab.wsig.examples.MathAgent(MathFunctionsMapper,true)" -name "WSIGTestPlatform"

我们会发现在 JADE 平台下新创建了两个 Agent：MathAgent1 和 MathAgent2。再次刷新 http://localhost:123/wsig/页面，会看到在 WSIG Services List 下增加了两个新的服务：MathFunctionsMapper 服务和 second_MathFunctions 服务（如图 7-29 所示）。同样也可以打开这两个服务的 WSDL 描述页面。

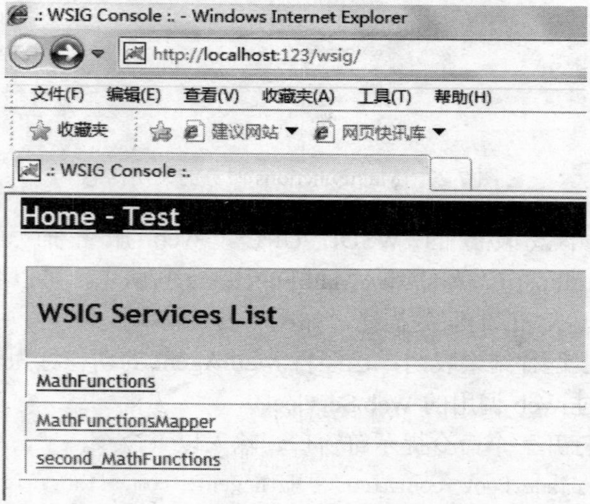

.: WSIG Console :. - Windows Internet Explorer
http://localhost:123/wsig/
文件(F) 编辑(E) 查看(V) 收藏夹(A) 工具(T) 帮助(H)
收藏夹 建议网站 ▼ 网页快讯库 ▼
.: WSIG Console :.
Home - Test
WSIG Services List
MathFunctions
MathFunctionsMapper
second_MathFunctions

图 7-29 运行新的 Agent，其相应的 web 服务增加到了列表中

单击 http://localhost:123/wsig/页面下的“Test”，进入服务测试页面（如图 7-30 所示），在 SOAP request 栏中输入基于 XML

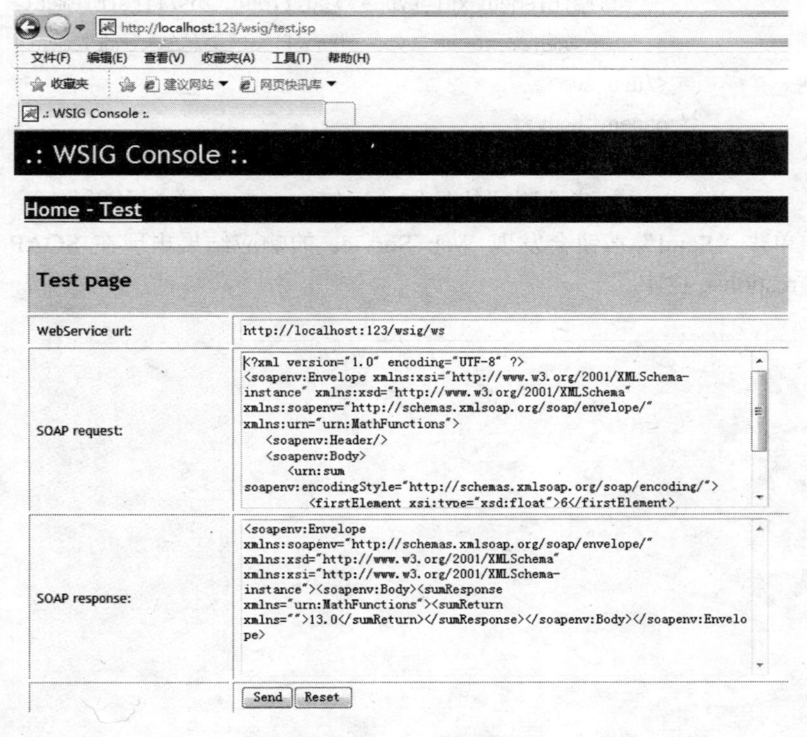

图 7-30　Web 服务测试

的 SOAP 请求，即

```
    <?xml version= “1.0”  encoding= “UTF-8”  ?>
    <soapenv:Envelope xmlns:xsi=
 “http://www.w3.org/2001/XMLSchema-instance” xmlns:xsd= “http://www.
w3.org/2001/XMLSchema” xmlns:soapenv= “http://schemas.xmlsoap.
org/soap/envelope/” xmlns:urn= “urn:MathFunctions” >
        <soapenv:Header/>
        <soapenv:Body>
```

```
        <urn:sum soapenv:encodingStyle="http://schemas.xmlsoap.
org/soap/encoding/" >
            <firstElement xsi:type= "xsd:float" >6</firstElement>
            <secondElement xsi:type= "xsd:float" >7</secondElement>
        </urn:sum>
    </soapenv:Body>
</soapenv:Envelope>
```

这个 SOAP 请求测试的是加法运算，6+7=？输入完请求后，单击“Send”按钮会发现 Web Service 的响应结果出现在 SOAP response 栏中。

参考文献

[1] (英)Michael Wooldridge.多 Agent 系统引论[M]. 石纯一，译.北京:电子工业出版社,2003.

[2] FIPA 网站: http://www.fipa.org/.

[3] JADE 网站:http://jade.tilab.com/.

[4] Laamanen. H FIPA Agent Framework [EP/OL].http://www.automationit.hut.fi/julkaisut/documents/seminars/sem_a01/FIPA_framework.pdf.

[5] 皮德常,张凤林. Java2 简明教程[M].北京：清华大学出版社, 2006.

[6] 沈建果. Enterprise Java Bean 程序设计实例详解[M].北京：中国铁道出版社, 2004.

[7] 冯志勇,李文杰,李晓红.本体论工程及其应用[M].北京：清华大学出版社, 2007.

[8] 帕派佐格罗. Web 服务：原理和技术[M]. 龚玲，译. 北京：机械工业出版社, 2010.

[9] 石纯一,张伟. 基于 Agent 的计算[M].北京：清华大学出版社, 2007.

[10] 吴亚峰,王鑫磊. 精通 NetBeans——Java 桌面、Web 与企业级程序开发详解[M].北京：人民邮电出版社, 2007.

[11] Bellifemine F，Caire G，Trucco T，end. JADE PROGRAMMER'S GUIDE. http://jade.tilab.com/doc/programmersguide.pdf, 2010.

[12] Dolia P M. Integrating Ontologies into Multi-Agent Systems Engineering (MaSE) for University Teaching Environment. Journal of Emerging Technologies in Web Intelligence, vol. 2, no. 1, february 2010，2:42-47.

[13] Schlesinger F, Errecalde M，Aguirre G. An approach to integrate web services and argumentation into a BDI system. http://www.ifaamas.org/Proceedings/aamas2010/pdf/02%20Extended%20Abstracts/Red/R-02.pdf,2010.

[14] DeLoach S A.Moving Multi Agent Systems From Research to Practice. International Journal of Agent Oriented Software Engineering, 2009, 3(4): 378-382.

[15] Chhabra M, Lu H. Towards Agent Based Web Service. http://catatanstudi.files.wordpress.com/2009/11/2007-towards-agent-based-web-service_chhabra.pdf,2007.

[16] Cossentino M , Gaglio S, Garro. A ed. Method fragments for agent design methodologies: from standardisation to research. Int. J. of Agent-Oriented Software Engineering, 2007, 4: 91-121.

[17] Bellifemine F, Caire G, and Greenwood D. Developing Multi-Agent systems with JADE. John Wiley & Sons, 2007.

[18] Benfield S, Hendrickson J, Galanti D. Making a strong business case for multiagent technology. In 5th International Joint Conference on Autonomous Agents and Multiagent Systems (AAMAS 2006), USA: New York, 2006: 10–15.

[19] Aardt A, Justin B. Multi-Agent Communication and Collaboration. http://wiredspace.wits.ac.za/bitstream/handle/10539/351/dissertation.pdf?sequence=1, 2006.

[20]April J, Better M, Glover F, etal Enhancing Business Process Management With Simulation Optimization. In Proceedings of the 38th conference on Winter simulation USA: California, 2006:642–649.

[21] Sonntag M. Agents as Web Service Providers: Single Agents or Mas? Applied Artificial Intelligence: 2006:203 – 227.

[22] Hung C H, Dai H J, Chen J J Y. Intelligent Agent Communication by Using DAML to Build Agent Community Ontology. http://www.waset.org/journals/waset/v6/v6-24.pdf,2005.

[23] Greenwood D. JADE Web Service Integration Gateway (WSIG). http://jade.tilab.com/papers/2005/JADEWorkshopAAMAS/AAMAS05_JADE-Tutorial_WSIG-Slides.pdf.2005.

[24] Fornara N, Colombetti M. A commitment-based approach to agent

communication. Applied Artificial Intelligence, 2004：18(9-10):853–866.
[25] 毛新军. 面向 Agent 软件工程：现状、挑战与展望. 计算机科学,2011，38，(1)期：1-7.
[26] 赵晋,刘斌. 基于 Gaia 与 JADE 框架的 MAS 建模.计算机工程与设计.2010，9：2093-2096.
[27] 谢创丰,黄穗. 基于JADE平台的MAS通信协议封装研究与设计.计算机工程与设计.2009：4988-4990,5006.
[28] 白岩,刘大有,姜丽.基于多 Agent 的开放本体服务.吉林大学学报:工学版.2007，37，(3)：587-590.
[29] 徐守祥,张基宏.基于 FIPA 架构的移动服务中间件的设计与实现.小型微型计算机系统.2007，28，(6)：1015-1020.
[30]刘震宇,张素庆,王文杰. 基于Web Service的MAS集成系统的设计与实现.计算机工程，2006，32，(21):127-129.

内容简介

本书详细介绍了 JADE 平台下多 Agent 系统的开发方法。主要内容包括：Agent 及多 Agent 系统的基本理论、JADE 平台的体系架构、基于 JADE 的多 Agent 系统开发步骤、JADE Agent 的行为及 Agent 间通信的实现等。作为理论和应用的提高，本书还重点介绍了 JADE Agent 与 JSP/Servlet 的集成技术、基于本体的 Agent 间通信的实现技术、JADE Agent 与 Web Service 转换与集成。

本书内容循序渐进，通俗易懂，示例详尽，图文并茂，覆盖了多 Agent 系统开发的关键技术和方法，同时也讲述了多 Agent 技术与目前的主流技术，如 Web Service、Ontology 等的无缝连接。

本书的读者对象为具有一定的 Java 基础，研究多 Agent、分布式计算、人工智能等的本科生、研究生、博士生及其他科研人员、软件开发人员等。